化工产品热安全检测实验室认可实用手册

中国合格评定国家认可中心　编

中国石油大学出版社

山东·青岛

图书在版编目（CIP）数据

化工产品热安全检测实验室认可实用手册/中国合格评定国家认可中心编. --青岛：中国石油大学出版社，2024.10.--ISBN 978-7-5636-8401-4

Ⅰ. TQ072-62

中国国家版本馆 CIP 数据核字第 2024ZD5262 号

书　　名：化工产品热安全检测实验室认可实用手册
　　　　　HUAGONG CHANPIN REANQUAN JIANCE SHIYANSHI RENKE SHIYONG SHOUCE
编　　者：中国合格评定国家认可中心
责任编辑：高　颖（电话　0532-86983568）
责任校对：隋　芳（电话　0532-86983568）
封面设计：赵志勇
出 版 者：中国石油大学出版社
　　　　　（地址：山东省青岛市黄岛区长江西路66号　邮编：266580）
网　　址：http://cbs.upc.edu.cn
电子邮箱：shiyoujiaoyu@126.com
排 版 者：我世界（北京）文化有限责任公司
印 刷 者：泰安市成辉印刷有限公司
发 行 者：中国石油大学出版社（电话　0532-86983437）
开　　本：787 mm×1 092 mm　1/16
印　　张：9.5
字　　数：239 千字
版 印 次：2024 年 10 月第 1 版　2024 年 10 月第 1 次印刷
书　　号：ISBN 978-7-5636-8401-4
定　　价：45.00 元

编审委员会

主　　审：肖　良

副 主 审：刘晓红　刘昌宙

审定人员：刘　捷　牛兴荣　潘　峰

主　　编：陈延青　徐　伟

副 主 编：孙培琴　张　帆　金满平　常　海　祝艳龙　孔祥北
　　　　　武　娟　陈思凝　翟培军　王彦斌

编写人员：(按姓氏笔画排序)
　　　　　丁　黎　王姗姗　方　路　刘　捷　安　静　宋义运
　　　　　陈丹超　陈有为　陈　相　邵　雨　武维伟　季　颖
　　　　　金满平　周　静　徐　昀　徐　恒　郭　森　霍江莲
　　　　　戴　骐　魏　静　刘付芳

主编单位：中国合格评定国家认可中心

参编单位：中石化安全工程研究院有限公司
　　　　　应急管理部化学品登记中心
　　　　　中石化(宁波)安全科技有限公司
　　　　　西安近代化学研究所
　　　　　中国安全生产科学研究院
　　　　　上海化工研究院
　　　　　中国兵器工业第二一四研究所
　　　　　国家农药质检中心
　　　　　宁波海关技术中心
　　　　　通标标准技术服务(上海)有限公司

前言

　　化工行业是国民经济重要的基础行业之一，为社会进步、经济发展以及民生改善作出了重要贡献。目前，我国是世界上产量最大的化工产品生产国，出口化学品的量占世界贸易量的50%以上。化工生产通常具有易燃易爆、高温高压、有毒有害等特点，容易引发火灾爆炸、中毒窒息、环境污染等恶性事故。近些年，我国危险化学品重大事故时有发生，如危险货物仓库爆炸事故、化工厂特大爆炸事故等，造成了巨大的经济损失、惨重的人员伤亡和重大的公共安全舆情。这些事故普遍反映出化工行业的本质化安全水平需进一步提升，生产装置与设施的安全保障条件应不断提高。

　　对化工企业而言，安全是企业生存的前提，是企业发展的底线。因此，如果想从根本上避免事故，就需要采用科学、系统的研究方法来识别、评估、控制风险，对化工生产的全过程、涉及的各要素实施风险管理。随着国家和行业相关主管部门规范和加大对化工安全生产监管的力度，化工生产过程的热安全逐渐成为化工行业关注的焦点，化工产品热安全检测技术被引入化工过程的安全研究与评价中，同时监管部门要求安全风险评估单位具备中国合格评定国家认可委员会(CNAS)实验室认可资质，以保证测试数据的准确性。近几年，该领域实验室申请CNAS实验室认可数量快速上升。为此，CNAS于2020年7月组织相关技术人员开展了"化工产品热安全检测领域实验室认可技术研究"，并于2022年10月1日正式发布实施CNAS-GL051:2022《化工产品热安全检测领域实验室认可技术指南》，针对化工产品热安全检测领域实验室特点，从结构要求、资源要求和过程要求等方面提出并明确了多项认可关键技术建议，规范了检测对象、检测能力表述范围及要求，给出了检测能力填写范例，为该领域实验室申请认可和评审员实施评审提供了重要的技术支撑，同时填补了我国在化工产品热分析、热稳定性参数测试和化学反应热安全性参数测试等领域认可指南文件的空白。

　　本书在中国合格评定国家认可中心"化工反应检测实验室认可技术研究"项目(2020CNAS06)支持下完成，由中国合格评定国家认可中心、中石化安全工程研究院有限公司、应急管理部化学品登记中心、中国石油和化学工业联合会等单位的相关领域专家编写，以认可过程中目前遇到的问题和难点为导向，对CNAS-GL051:2022《化工产品热安全检测领域实验室认可技术指南》的条款和关键技术内容做了进一步的解释说明，旨在帮助该领域实验室理解和掌握该指南文件的要求,指导实验室建立管理体系,提高化工产品热安全检测数据的准确性。本书共五章,第一章介绍化工产品热安全检测技术的产生与发展、化工产品热安全检测领域实验室的认可现状和存在的主要问题;第二章对 CNAS-GL051:2022《化工产品热安全检测领域实验室认可技术指南》的条款内容进行详细解析;第三章梳理化工产品热安全检测领域实验室申请 CNAS 实验室认可涉及的认可规范及相关文件;第四章介绍化工产品热安全检测领域实验室的认可关键技术,包括测量不确定度评定、设备校准和系统性能验证、非标方法确认及质量控制等;第五章详细介绍化工产品热安全检测领域实验室的认可流程。另外,本书附录中介绍了化学物质和化学反应热危险性识别方法、常见危险工艺的危害特点、危险化学品和危险工艺相关法律法规、涉及危险化学品的危险性和处置要求等内容,可供读者参考。

本书对于已获 CNAS 实验室认可、计划申请 CNAS 实验室认可以及希望提高和完善管理体系的化工产品热安全检测、化学品/货物危险性检测、医药和农药热安全检测等领域的科研机构和检测实验室都具有一定的参考价值,同时可作为上述领域安全风险评估机构及热安全检测实验室管理人员和评审人员的参考资料。

本书编写过程中得到了中石化(宁波)安全科技有限公司、西安近代化学研究所、中国安全生产科学研究院、宁波海关技术中心、中国兵器工业第二一四研究所、中国农业科学院、通标标准技术服务(上海)有限公司、上海化工研究院等单位多位专家的大力支持和帮助,他们对本书提出了宝贵的审查意见,在此表示衷心的感谢。

由于编者水平有限,书中难免存在不妥之处,敬请读者朋友批评指正。

目 录

第一章　化工产品热安全检测实验室认可的发展

化工过程安全技术是一个新兴的技术领域,是安全领域的一个重要分支,是预防和控制化工生产过程特有的突发事故的系列安全技术及管理手段的总和,涉及化工生产装置的设计、建造,化工产品的生产、储存、运输、使用、废弃等过程全生命周期的各个环节[1]。化工产品热安全检测起源于化工过程安全技术的工艺危害分析,可为化工过程反应危险性评估提供数据基础和技术支撑,随着化工过程安全技术的不断进步而逐步发展。本章重点介绍化工产品热安全检测技术的产生与发展、化工产品热安全检测领域实验室的认可现状和化工产品热安全检测领域实验室在认可过程中存在的主要问题,为后续章节内容的学习提供基础。

一、化工产品热安全检测技术的产生与发展

正常的化学反应过程要在受控的反应器中进行,以使反应物、中间体、反应产物等化工产品及化学反应过程本身处于规定的温度、压力等的安全范围之内。但化学反应受多种因素影响,若这些条件发生变化,以致温度升高、压力增大到无法控制,就会导致化学反应失控。化学反应失控即反应系统因反应放热而使温度升高,在经过一个“放热反应加速—温度再升高”过程,以至超过反应器冷却能力的控制极限,形成恶性循环后,反应物、产物分解,生成大量气体,压力急剧升高,最后导致喷料,反应器被破坏,甚至产生燃烧、爆炸的现象[2]。这种化学反应失控的危险不仅可以发生在作业的反应器里,而且可能发生在其他的操作单元甚至物料的储存过程中。因此,化工产品本身和化学反应过程的热安全问题是化工产品生产过程中本质化安全的核心问题。

(一) 化工产品热安全检测技术的产生

目前,我国化工行业对“化工产品热安全检测”没有明确的定义,本书所述的“化工产品热安全检测”是指按照程序确定各类化工产品的一个或多个热安全特性的活动,一般包括合成原料、中间产品、产品、副产物、催化剂和废弃物的热稳定性检测,以及化学反应的热安全性参数检测[3]。

1. 化工过程安全管理技术的产生和发展

国际上最早的化工过程安全管理(PSM)标准是美国职业安全与健康管理局(OSHA)于1992年发布的强制性联邦法规《高度危险化学品过程安全管理》(29 CFR 1910.119)。该法规明确要求涉及规定的化学品且超过临界量的生产或处理过程(油品零售、油气开采及服务运营等领域除外)必须执行过程安全管理。OSHA的29 CFR 1910.119法规包括14个要素,即员工参与、过程安全信息、过程危害分析、操作规程、变更管理、教育培训、承包商管理、试生产前安全审查、机械完整性、事故调查、动火作业许可、应急预案与响应、符合性审查

和商业秘密。2007 年,美国化学工程师协会(AIChE)所属的化工过程安全中心(CCPS)出版了《基于风险的过程安全》(RBPS),开始推行 RBPS 管理体系,主要包含四大事故预防原则,即对过程安全的承诺、理解危害和风险、管理风险、吸取经验教训,以及 20 个要素,即过程安全文化、标准符合性、过程安全能力、人员参与、与风险承担者沟通、过程知识管理、危害识别与风险分析、操作程序、安全作业规程、资产完整性及可靠性、承包商管理、培训与绩效考核、变更管理、开车准备、操作守则、应急管理、事件调查、衡量及指标、审查、管理审核及持续改进。

2010 年我国发布的《化工企业工艺安全管理实施导则》(AQ/T 3034—2010)参考了美国 OSHA 的《高度危险化学品过程安全管理》(29 CFR 1910.119)法规的内容,提出了我国化工过程安全管理体系的框架和基本要求。《化工企业工艺安全管理实施导则》包含 12 个要素,即工艺安全信息、工艺危害分析、操作规程、培训、承包商管理、试生产前安全审查、机械完整性、作业许可、变更管理、应急管理、工艺事故/事件管理、符合性审查。其中,工艺危害分析(process hazard analysis,PHA)是一种有组织的用于识别、分析、评价工艺过程或生产活动中可能发生的重大危害场景的风险分析方法,用于确定装置的设计及操作过程中可能导致物料泄漏、火灾甚至爆炸的薄弱环节,并针对这些薄弱环节提出相应的建议措施。常用的 PHA 方法主要有检查表法、故障假设分析法、危险与可操作性分析法、故障模式及影响分析法、故障树分析法等,但这些 PHA 方法都是基于行业经验的定性分析方法,在一定程度上能够实现有效的风险控制,但并不能从根本上解决化工过程的安全风险控制问题,国内发生化学品重特大事故的势头仍未得到有效遏制。为此,2009—2013 年,安全生产监督管理部门先后发布了光气化、电解(氯碱)、偶氮化等 18 种需要纳入重点监管的危险化工工艺的安全控制要求、重点监控参数及推荐的控制方案,以促进化工企业安全生产条件的进一步改善,确保化工装置安全稳定运行。国内化工行业安全技术与管理水平因此得到了一定程度的提高,安全形势也整体有所好转。

2.《国家安全监管总局关于加强精细化工反应安全风险评估工作的指导意见》的发布

近些年我国化工企业重特大事故依然多发的一个重要原因就是缺乏化工工艺安全方面的研究(对关键危险因素认识不足,未充分掌握危险化学反应的致灾机理及其影响因素),导致在工艺条件发生异常波动或工艺变更的情况下,采取的安全控制手段和措施不到位,安全控制系统不完善。对此,国家安全生产监督管理部门高度重视,于 2017 年 1 月发布了《国家安全监管总局关于加强精细化工反应安全风险评估工作的指导意见》(安监总管三〔2017〕1 号)[4],要求精细化工企业开展精细化工反应安全风险评估,以改进安全设施设计,完善风险控制措施,提升企业本质化安全水平,有效防范事故发生。《国家安全监管总局关于加强精细化工反应安全风险评估工作的指导意见》附件中的"评估导则"首次提出了针对化工反应安全评估的"量化要求",即从反应失控角度出发,通过获取失控反应最大反应速率到达时间 TMR、绝热温升 ΔT_{ad}、工艺温度 T_p、技术最高温度 MTT、失控体系能达到的最高温度 $MTSR$ 等化工过程的热安全数据,实现化工过程热安全的分级管控,提高化工装置的本质安全化水平。评估过程中需采用差示扫描量热、快速筛选量热、绝热量热等联合测试方法,以及反应量热方法,对工艺过程中涉及的原料、中间产品、产品、副产物、废弃物,以及蒸馏、分馏等分离过程涉及的各相关物料和反应过程,包括均相和非均相反应,进行热稳定性和反应量热测试,获取物料的分解热、起始分解温度、绝热温升,以及分解压力变化情况和反应过程的反应热、绝热温升、物料累积度等指标性数据,为化工生产工艺的分级管控评估奠定基础。至此,化工产品热安全检测应运而生。

3.《精细化工反应安全风险评估规范》的发布

中共中央办公厅、国务院安委会、应急管理部等部门高度重视化工安全生产工作,2020 年的《关于全面加强危险化学品安全生产工作的意见》[5]、2021 年的《全国安全生产专项整治三年行动计划》[6]、2022 年的《全国危险化学品安全风险集中治理方案》[7]都对安全开展反应安全风险评估工作提出了明确要求。为此,应急管理部组织中石化安全工程研究院有限公司、应急管理部化学品登记中心、沈阳化工研究院、天津大学、中国安全生产科学研究院等单位,以研究风险、评估风险和防控风险为目标,制定了国家标准《精细化工反应安全风险评估规范》(GB/T 42300—2022),并于 2022 年 12 月 30 日发布实施。

《精细化工反应安全风险评估规范》是在进一步吸纳国内外精细化工行业发展先进实践经验的基础上,将《国家安全监管总局关于加强精细化工反应安全风险评估工作的指导意见》上升为国家标准。该标准明确了适用范围、重点评估对象,规定了精细化工反应安全风险评估要求、评估基础条件、数据测试和求取方法、评估报告要求等主要内容。该标准以感知、评估和防控风险为目标,建立了量化的反应工艺危险度等级的评估标准体系,并根据不同的反应工艺危险度,从工艺优化设计、区域隔离、人员安全操作等方面提出了有关安全风险防控的措施和建议。该标准的实施实现了风险评估从定性到定量的飞跃,提高了风险感知和风险防控能力,为有效防范重特大事故的发生提供了坚实的标准依据,将有力推动精细化工企业强化反应安全风险评估,支撑保障精细化工重大安全风险防控工作。

4. 化工产品热安全检测技术

1) 化学物质的热稳定性检测

对化学物质热稳定性的了解是化工过程安全研究的基础,因此在化工过程安全研究的最初阶段就需要全面掌握化学物质的热稳定性。化学物质的热稳定性与其自身的结构特点和外部环境密切相关,外部热能、光、电、磁等环境都有可能改变其热稳定性。化学物质热稳定性产生的热危害程度主要受以下两种因素的影响。

① 潜在能量:属热力学因素,与生产的化学品及反应有关,可通过文献、热化学计算及测试得到。

② 自反应速率:属动力学因素,与温度、压力、浓度、杂质等有关。自反应性是指物质自身具有较高的化学位能,它在生成为最终的、稳定的生成物的过程中将伴随热能的释放。因此,自反应速率决定了能量的释放速率。

化学物质的热稳定性研究是化工过程安全技术研究的重点。用于表征化学物质热稳定性的参数主要是热量和温度参数,包括反应热、绝热温升、初始放热温度,以及最大反应速率到达时间等。

(1)反应热。

反应热(H)是反应产物生成热与反应物生成热的差值,即消耗单位反应产物所能释放的热量[8]。当反应产物所含能量比反应物所含能量低时,反应就会放出热量。这一热量是导致反应系统温度升高、反应速率增大,引起气体膨胀和压力升高的根本原因。反应热与反应性化学物质的热危险性密切相关,其大小反映整个反应所能释放出的热量的总和。通常反应热越大,系统的温升越大,反应物可能就越不稳定。然而,反应热给出的是整个反应过程中放热量的积分值,不能描述在反应过程中放热随温度变化的情况,因此,单纯使用反应热来描述反应性化学物质的热危险性是不完善的。由热量仪测试得到的热流曲线可以计算得到反应热,如图 1-1 所示。

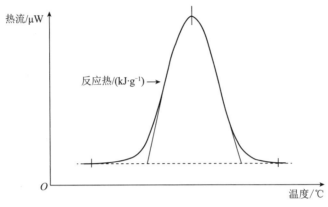

图 1-1　由热流曲线计算反应热示意图

利用反应热 H 还可以理论预测反应性化学物质的热危险性。反应热 H 与反应性化学物质可能发生燃爆危险的关系见表 1-1。

表 1-1　反应热与燃爆危险性的关系[9]

反应热/$(J \cdot g^{-1})$	危险程度
>2 926	剧烈放热,易爆轰
1 003～2 926	放热,易爆燃
<1 003	不易爆燃
<418,且氧平衡<−240 或 160	不可能爆燃

表 1-1 中的"氧平衡"是指化学物质中所含的氧与将可燃元素完全氧化所需要的氧相平衡,它是根据化学物质的分子式,以碳原子完全转化成二氧化碳(或一氧化碳)和氢原子完全转化成水所需的氧原子的数量来计算的,其计算公式见本书附录二。

(2) 绝热温升。

绝热温升(ΔT_{ad})是指放热反应物完全转化时所放出的热量可以使物料升高的温度,其表达式为:

$$\Delta T_{ad} = \frac{(-\Delta H)c_{b0}}{\rho c_p} \tag{1-1}$$

式中,ΔH 为摩尔反应焓,kJ/mol;c_{b0} 为反应物的初始浓度,mol/m³;ρ 为反应体系的密度,kg/m³;c_p 为反应体系的比热容,kJ/(K · kg)。

绝热温升可以作为衡量反应放热程度的指标。绝热反应器的设计计算常用绝热温升作为估算温升的依据。绝热温升还可以用于评价化学反应失控发生的严重程度。Stoessel[10] 提出的失控反应严重度评估标准见表 1-2。

表 1-2　失控反应严重度评估标准

绝热温升 ΔT_{ad}/℃	>200	50~200	<50
严重度	高	中	低

（3）起始放热温度。

起始放热温度（T_0）[11]是指在一定条件下发生放热反应的最低温度。该参数反映反应性化学物质发生放热反应的难易程度。起始放热温度越高，发生放热反应越困难。典型放热和吸热反应热流曲线如图 1-2 所示。

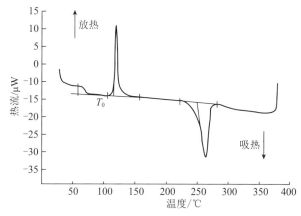

图 1-2　典型放热和吸热反应热流曲线

起始放热温度在一定程度上能定性或半定量地评价反应性化学物质的热自燃危险性。但是该参数不仅与被测物质有关，还与实验条件以及所使用的测试仪器的特性参数有关。一般而言，升温速度越慢，使用的样品量越大，测得的起始放热温度就越低。对不同的测试仪器而言，由于仪器的灵敏度不同，即使是同一种反应性化学物质，得到的起始放热温度也会不同。通常所使用的量热仪灵敏度越高，测得的起始放热温度就越低。因此，单纯使用起始放热温度来评价物质的热危险性是不准确的。

（4）最大反应速率到达时间。

最大反应速率到达时间（TMR）[12]是一个反映动力学参数的函数，它表示绝热条件下热爆炸的形成时间，或者绝热条件下反应体系最大反应速率到达的时间，相当于绝热系统的等待时间或诱导期，是物质热危险性评价中的一个非常重要的参数，可以用来评估失控反应发生的可能性，见表 1-3。

表 1-3　绝热条件下失控反应发生的可能性评估标准

TMR/h	发生频率	可能性
<1	经常发生	高
1~8	很可能发生	
8~24	偶尔发生	中
24~50	很少发生	低
50~100	非常少发生	
>100	几乎不可能发生	

利用 TMR 可以设定最优报警时间,以便采取相应的补救措施或者强制疏散,从而避免爆炸等灾难性事故的发生。TMR 可由式(1-3)计算得到:

$$TMR = \frac{c_p' R T_0^2}{q_0 E_a} \tag{1-3}$$

如果起始温度 T_0 下的反应放热速率 q_0 已知,且知道反应物的比热容 c_p' 和反应活化能 E_a,那么可以计算得到 TMR。因为 q_0 是温度的指数函数,所以 TMR 随温度升高呈指数关系降低,且随活化能的增加而降低,即

$$TMR(T) = \frac{c_p' R T_0^2}{q_0 \mathrm{e}^{-\frac{E_a}{R T_0}} E_a} \tag{1-4}$$

2)化学反应的热安全性检测

对化工过程的放热反应而言,如果反应放出的热量能够及时移出,则可以维持体系的热平衡,化学反应过程将在有效控制下平稳而安全地进行。但是化学反应本身受多种因素影响,当某些条件发生变化时,如反应物浓度发生变化、搅拌故障、冷却失效、引入杂质或催化剂等,往往会导致化工过程的反应失控(runaway reaction),也叫自加速反应(self-accelerating reaction)。化工过程的反应种类千差万别,其发生失控的原因与表现形式都比较复杂,这对认识并控制反应失控风险带来了很大的困难。

对化学反应过程的失控危险性进行分析,要研究原料、中间体、生成物的热稳定性,研究反应过程的主反应及可能的二次反应,掌握临界条件等。主反应的危险性测试方法主要有反应量热法[13]和卡尔维(CALVET)量热法[14];二次反应的危险性测试方法和仪器设备与化学物质热稳定性测试的相同,只是测试样品为反应产物(反应后的混合体系)。选择合适的量热方法和仪器设备模拟工况条件开展实验研究,可获得所需要的热危险性参数,用于反应过程的安全设计与操作。

(1)反应量热法。

反应量热法是在接近实际的条件下以立升规模模拟化学反应的具体过程或单个步骤,并测量和控制重要的过程变量,如温度、压力、加料方式、操作条件、混合过程、反应的热能、热传递数据及数据处理等。由该系统得出的结果可放大至工厂生产条件,或反过来,工厂中的生产过程能缩小到立升规模,从而利于开展反应危险性研究和安全条件优化。

(2)卡尔维(CALVET)量热法。

卡尔维量热法除了常规的热扫描外,还可以根据实验需要,利用混合池、气体循环池、安全池等特殊反应池,实现反应物的隔离与混合、气相环境控制、压力控制等功能,从而实现特殊反应条件下的量热测试。

(二)化工产品热安全检测技术的发展

化工产品热安全检测起源于化工过程安全管理的工艺危害分析,可为化工过程反应危险性评估提供数据基础和技术支撑,随化工过程安全管理技术的不断进步逐步发展而来,逐渐形成了物质热稳定性测试、反应量热测试和反应风险评估的相关标准规范。

1. 化工产品热安全检测技术及相关检测标准

1) 化学物质热稳定性检测标准

（1）国外检测标准。

目前,国际上主要采用美国材料与试验协会发布的 ASTM E537—2020 *Standard Test Method for Thermal Stability of Chemicals by Differential Scanning Calorimetry*（《用差示扫描量热法测定化学制品热稳定性的试验方法》）和 ASTM E1981—2022 *Standard Guide for Assessing Thermal Stability of Materials by Methods of Accelerating Rate Calorimetry*（《用加速率量热计法评定材料热稳定性的标准指南》）作为物质热稳定性的通用测试标准。

ASTM E537—2020 采用差示扫描量热法（differential scanning calorimetry,DSC）测试物质的热稳定性。该方法的测试原理是在程序控制温度下,测量输入试样和参比物的功率差（如以热的形式）与温度的关系。差示扫描量热仪记录到的曲线称 DSC 曲线,它以样品吸热或放热的速率即热流率 dH/dt（单位为 mJ/s）为纵坐标,以温度 T 或时间 t 为横坐标,可以测量多种热力学和动力学参数,例如比热容、反应热、转变热、相图、反应速率、结晶速率、高聚物结晶度、样品纯度等。该方法使用温度范围（-175~725 ℃）宽、分辨率高、试样用量少,适用于无机物、有机化合物及药物的分析。

ASTM E1981—2022 采用绝热量热法测试物质的热稳定性。该方法的主要测试原理是采用热电偶直接接触法对样品进行加热,再在多处安置温度传感器,包括样品的温度传感器和加热炉顶部、底部、侧壁的温度传感器,以及压力传感器,对整个测试过程中的温度、压力随时间变化的情况进行实时检测。通过检测可以得到样品温度、压力、温度升高速率、压力升高速率等随时间的变化。绝热量热法能收集起始/终止温度、温度/压力变化速率、反应热等原始测试数据,再经过数据处理,可以得到表观反应活化能、指前因子等热分解动力学数据。这些数据对于研究和评估工艺过程,确保安全操作,防止可能造成毁灭性结果的热失控效应有着非常重要的意义。

（2）国内检测标准。

我国化工过程安全技术研究起步较晚,研究初期依据的检测标准主要是美国材料与试验协会发布的 ASTM E537—2020 和 ASTM E1981—2022。之后随着我国化工过程安全技术研究的不断进步,相关研究机构逐步起草、制定了一批化学物质热稳定性测试的国家和行业标准。

① GB/T 22232—2008。

GB/T 22232—2008《化学物质的热稳定性测定　差示扫描量热法》由中化化工标准研究所、江西出入境检验检疫局、广东出入境检验检疫局联合起草,于 2008 年 6 月发布。该标准等同 ASTM E537—2002,采用差示扫描量热法,可对固体、液体或泥浆状样品进行测试,测试压力范围为 100 Pa~7 MPa,温度范围为 300~800 K（27~527 ℃）,测试气氛为惰性或活性气体。

GB/T 22232—2008 发布时等同采用的是 ASTM E537—2002,而 ASTM E537 经历多次修订,最新版已更新至 ASTM E537—2020,因此 GB/T 22232—2008 较国际上现行的 ASTM E537—2020 存在一定的技术差距。

② GB/T 13464—2008。

GB/T 13464—2008《物质热稳定性的热分析试验方法》由公安部天津消防研究所起草，于 2008 年 6 月发布。该标准的技术内容参考 ASTM E537—2002，但与 ASTM E537 相比，增加了差热分析仪测试化学品热稳定性的方法。用差热分析仪和差示扫描量热仪协同进行物质热稳定性参数的测量，有助于更准确地判断物质热稳定性的反应机理。该标准适用于在一定压力（包括常压）的惰性或反应性气氛中，在 −50～1 500 ℃ 的温度范围内，有焓变的固体、液体和浆状物质热稳定性的评价。

③ GB/T 17802—2011。

GB/T 17802—2011《热不稳定物质动力学常数的热分析试验方法》由公安部天津消防研究所起草，于 2011 年 7 月发布。该标准替代的是 GB/T 17802—1999《可燃物质动力学常数的热分析试验方法》，其试验方法和数据处理参考了美国材料与试验协会的 ASTM E698—2001（《热不稳定材料的 Arrhenius 动力常数的标准试验方法》）。采用差热分析仪或差示扫描量热仪测量物质的焓变温度，计算反应活化能，根据 Arrhenius 方程求出反应速率常数，进而求出物质在所需观察温度下的半衰期，并以此来评价物质的热不稳定性。

需要注意的是，该标准中所述的"热不稳定物质动力学常数"均为计算结果，实际测试得到的数据只有"焓变温度"。

④ GB/T 29174—2012。

GB/T 29174—2012《物质恒温稳定性的热分析试验方法》由公安部天津消防研究所起草，于 2012 年 12 月发布。该标准参考了美国材料与试验协会的 ASTM E487—2009（《化学品恒温稳定性的标准测试方法》），通过在受控实验室条件下测试物质在恒定温度下的微小放热量，主要为物质火灾危险性评估提供基础数据。化工产品热安全检测中的化学物质热稳定性测试一般不采用该标准。

⑤ SN/T 3078.1—2012。

SN/T 3078.1—2012《化学品热稳定性的评价指南　第 1 部分：加速量热仪法》是我国出入境检验检疫行业标准，由广东出入境检验检疫局起草，于 2012 年 5 月发布。该标准部分参考了 ASTM E1981—98(2004)（《化学品热稳定性的评价指南　加速量热仪法》），采用加速量热仪对化学品热稳定性进行评价，经适当标度后，测试数据可以谨慎地用于预测化学品或化学品混合物在加工、存储及运输过程中的有关危害。在适当的条件下，该标准也可适用于研究催化剂、阻聚剂、引发剂、反应气氛、物质结构或搅拌的影响。

需要注意的是，该标准实际测试得到的是温度、压力随时间变化的函数，反应热（ΔH）、理想绝热温升（ΔT_{ad}）、热惯性因子（Φ）、最大反应速率到达时间（TMR）均为计算结果，实测数据主要有终点温度（T_{final}）、实测绝热温升（ΔT_{obs}）、始点温度（T_{start}）等。

⑥ SN/T 3078.2—2015。

SN/T 3078.2—2015《化学品热稳定性测定　第 2 部分：热重分析法》是我国出入境检验检疫行业标准，由上海出入境检验检疫局起草，于 2015 年 12 月发布。该标准的技术内容采用 ASTM E2550—11（《化学品热稳定性标准测试方法　热重分析法》），部分规定了温度范围为室温到 800 ℃ 之间材料热稳定性评估以及材料质量变化程度鉴定的方法，适用于反应温度范围内不发生升华或蒸发的固体或液体样品的检测。

⑦ NY/T 3784—2020。

NY/T 3784—2020《农药热安全性检测方法　绝热量热法》由我国农业农村部组织制定,沈阳化工研究院有限公司等单位起草,主要参考 ASTM E1981—98(2004)(《化学品热稳定性的评价指南　加速量热仪法》),采用绝热加速量热仪对农药产品的热稳定性进行评价,于 2021 年 4 月 1 日正式实施。

2)化学反应热安全性检测标准

目前,国际上对于化学反应热安全性检测没有统一的标准,通常都是采用 Mettler Toledo 公司的 RC1e 和 ChemiSens 公司的 CPA 反应量热仪进行化学反应热安全性检测,测试方法主要依据这两家公司提供的设备操作指南和数据处理分析方法。

2020 年 7 月,中国化工学会(CIESC)发布了 T/CIESC 0001—2020《化学反应量热试验规程》、T/CIESC 0002—2020《基于量热及差示扫描量热获取热动力学参数方法的评价标准》、T/CIESC 0003—2020《化工工艺反应热风险特征数据计算方法》3 项化学反应热安全性检测相关的团体标准(化会字〔2020〕第 020 号),由中石化安全工程研究院有限公司、应急管理部化学品登记中心、南京理工大学起草。

其中,T/CIESC 0001—2020《化学反应量热试验规程》规定了化学反应热安全性检测的试验测定方法,包括测试过程中的热量衡算方法、测试方法、测试设备等,以及反应热的初筛估算方法。T/CIESC 0001—2020《化学反应量热试验规程》基于反应量热的基本原理,从能量衡算的角度规定了化学反应热安全性检测需要考虑到的能量分项,并针对每个能量分项提供了参考的计算方法、相关参数的试验获取方法。基于此原理,指导化学反应热安全性检测过程中设备搭建、能量衡算分量的考察、流程模拟等方面的工作,目的是使技术人员能够全面考虑影响因素,从而获取准确、本征的反应热,进一步将该数据作为化学反应热风险评估的基础数据。该标准包括适用于理想等温量热法、理想绝热量热法及其他非理想方式的量热方法,可应用于化学品储运过程及化工生产过程中物质的分解反应、合成反应的反应热测试操作。

目前,化学反应热安全性检测的获取在行业内还没有统一的国家和行业标准,因此造成试验方法、试验设备种类繁杂,试验结果准确性无法得到保证等问题。T/CIESC 0001—2020《化学反应量热试验规程》推荐了化学反应热安全性检测的良好惯例及程序,进一步规范了化工工艺热风险评估工作的指标统一性、结果可比照性,达到了提高化工工艺热风险的识别、管控、预防水平的目的。

2. 我国化工产品热安全检测机构概况

前文提到,化工产品热安全检测由化工过程安全管理技术发展而来,我国最初开展化工产品热安全检测工作的机构主要为从事化工过程安全技术研究的相关科研院所和部分高校,例如中石化安全工程研究院有限公司、应急管理部化学品登记中心、西安近代化学研究所、中国安全生产科学研究院、沈阳化工研究院、天津大学、南京理工大学、南京工业大学、中国工程物理研究院化工材料研究所、北京理工大学等。初期以化学物质的热稳定性检测为主,针对具有爆炸、自反应和热不稳定性质的化学物质开展热危险性相关参数测试,研究获取各项热力学和动力学数据,并结合风险评估技术,为化工装置反应系统工艺设计、工艺优化和工程化放大提供科学依据。由于当时我国化工行业安全管理理念相对落后,在化工企业中实施与国际接轨的化工过程安全管理并未得到国内化工行业和相关安全监管部门的认可,因此,只有极少数化工企业积极落实开展化工过程安全技术研究,提升安全管理能力。后来,随着化工过程安全技术的不断进步和发展,化工过程安全技术的研究重点逐渐由化学物质的热稳定性研究向化工工艺安全研究方向发展,即更加重视对化工工艺过程的关键危险因素识别和危险化学反应的致灾机理分析及其影响因素研究,进而提出在工艺条件发生异常波动或工艺变更情况下的安全控制手段、措施和完善的安全控制系统。

化工事故多发成为制约化工产业安全发展的难题,尤其是精细化工,以间歇或半间歇操作为主,实验室到产业化工艺精确、设计精细和生产精准程度差,自动化、连续化水平低,事故占比高,造成人员伤亡和财产损失,引起了相关安全监管部门的高度重视。在原国家安全生产监督管理总局发布《国家安全监管总局关于加强精细化工反应安全风险评估工作的指导意见》(安监总管三〔2017〕1号)(以下简称《指导意见》)后,各地安全监管部门纷纷发布公告,要求辖区范围内化工企业按照《指导意见》开展精细化工反应安全风险评估,确定反应工艺危险度,以此改进安全设施设计,完善风险控制措施,提升企业本质安全水平,有效防范事故发生。从2020年开始,凡列入评估范围,但未进行反应安全风险评估的精细化工生产装置,不得投入运行。由此,精细化工反应安全风险评估开始被企业和各级安全监管部门所接受,并且要求化工企业强制执行。

国内具备开展化工过程安全技术研究能力的机构数量有限,但根据《指导意见》列入评估范围的化工生产装置数量庞大,且《指导意见》要求在2020年底之前完成所有在役装置的反应风险评估。受政府监管要求、企业需求和经济利益等因素的驱动,从事精细化工反应安全风险评估的机构在2017—2020年短短几年时间内如雨后春笋般发展壮大。

此外,中国化学品安全协会根据《指导意见》的精神,向社会公布了该协会经过专家评审的精细化工反应风险评估机构,评估机构信息可登录中国化学品安全协会官方网站查询。

二、化工产品热安全检测实验室的认可现状

(一)国外实验室认可现状

化工产品热安全检测实验室的认可在国内外均有涉及。在国外,德国认可机构DAKKS(德国认可委员会)以热分析(thermal analysis,TA)作为检测对象,将差热扫描量热(differential thermal analyzer,DTA)和热重(thermogravimetric analysis,TG或TGA)测试作为检测参数纳入ISO 17025的认可范畴;美国认可机构PJR(美国佩里约翰逊论证有限公司)以热动力学分析作为检测对象,将差示扫描量热(differential scanning calorimetry,DSC)测试作为检测参数纳入认可范畴;而美国的另一家认可机构ANAB(美国国家标准协会-美国质量学会认证机构认可委员会)将DSC测试起始放热温度、反应热、热流速率等参数,绝热量热测试中的起始分解温度、反应热、温升速率、压升速率等参数,以及化学反应量热测试都纳入了ISO 17025的认可范畴。

国外化工产品检测实验室认可情况见表1-4。

表 1-4　国外化工产品检测实验室认可情况

序号	认可机构	项目/参数	检测标准	检测对象/类别	获认可机构
1	德国 DAKKS	热分析（TA）	DIN 51007	差热扫描量热（DTA）	德国巴斯夫公司
			DIN 51006	热重（TG）	
2	美国 PJR	热动力学分析	ASTM E1356 ASTM E794	差示扫描量热（DSC）	美国 Ebatco 公司
			ASTM E2716 ASTM E2602 ASTM E1952	调制式差示扫描量热	
3	美国 ANAB	起始放热温度、反应热、温升速率、压升速率	ASTM E1981	活性化学品	美国 ioKinetic 公司
		起始放热温度、反应热、熔/沸点、热流速率	ASTM E537	活性化学品	
		加热速率量热法（ARC）	ASTM E1981	化学品	美国 Fauske & Associates 公司
		高级反应系统筛选量热法（ARSST）	ARSST SOP		
		差示扫描量热法（DSC）	ASTM E537		
		热活性检测系统量热法（TMA）	TAM SOP		
		温度压力跟踪绝热量热法（VSP2）	VSP2 SOP	化学品	美国 Fauske & Associates 公司
		反应量热测试	RC SOP		

（二）我国实验室认可现状

在国内,近几年向 CNAS 申请认可的化工产品热安全检测实验室的数量呈逐年增多的趋势,通过 CNAS 认可的该领域实验室数量已由 2016 年的 4 家上升至 2023 年的 126 家(图 1-3)。

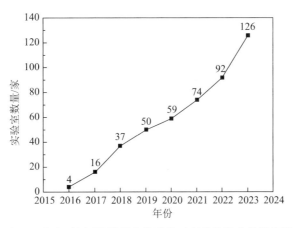

图 1-3　2016—2023 年申请 CNAS 认可化工产品热安全检测实验室数量

这些实验室大多以"化学品""精细化工产品""化工产品"等作为检测对象,申请的检测能力主要包括 GB/T 22232—2008《化学物质的热稳定性测定　差示扫描量热法》、SN/T 3078.1—2012《化学品热稳定性的评价指南　第 1 部分:加速量热仪法》和化工学会团体标准 T/CIESC 0001—2020《化学反应量热试验规程》等标准方法中的化学物质热稳定性和化学反应热安全性参数检测。

三、化工产品热安全检测实验室认可存在的问题

（一）检测能力表述

1. 检测对象

目前,大多数化工产品热安全检测实验室在申请 CNAS 认可时以"化工产品"或"精细化工产品"作为检测对象。根据《中国化工产品目录》,化工产品包含 19 大类共 23 000 余种(类)产品;GB 51283—2020《精细化工企业工程设计防火标准》将精细化工产品分为 21 个类别,见表 1-5。

表 1-5 精细化工产品分类

序 号	产品类别	序 号	产品类别
1	农 药	12	脂肪酸
2	染 料	13	稀土化学品
3	涂料(油漆)和油墨	14	精细陶瓷
4	颜 料	15	稀土化学品
5	试剂和高纯物	16	兽药和饲料添加剂
6	食品添加剂	17	生化制品和酶
7	黏合剂	18	其他助剂,包括表面活性剂、橡胶助剂、高分子絮凝剂、石油添加剂、塑料添加剂、金属表面处理剂、增塑剂、稳定剂、混凝土外加剂、油田助剂等
8	催化剂	19	功能高分子材料
9	日用化学品和防臭防霉剂,包括香料、化妆品、肥皂和合成洗涤剂、芳香防臭剂、杀菌防霉剂	20	摄影感光材料
10	汽车用化学品	21	有机电子材料
11	纸及纸浆用化学品		

由此可见,以"化工产品""精细化工产品"作为检测对象,名称覆盖范围非常广泛,涵盖了大部分化工产品。申请认可实验室的检测样品完全覆盖"化工产品""精细化工产品"是不现实的(本书在第四章二(一)检测能力表述中分"检测对象""项目/参数""领域代码"对今后实验室申请认可如何填写申请书中相对应内容给出了详细的填写范例)。

2. 检测标准、项目/参数

化工产品热安全检测实验室申请认可的检测能力中,化学物质热稳定性检测标准主要参照 GB/T 22232—2008、GB/T 13464—2008、SN/T 3078.1—2012、SN/T 3078.2—2015 和 NY/T 3784—2020,化学反应热安全性检测标准主要参照化工学会团体标准 T/CIESC 0001—2020,部分实验室采用实验室制定的非标方法。上述检测标准方法的相关信息见表 1-6。

表 1-6　化工产品热安全检测标准相关信息

序号	检测标准	检测参数	精密度和偏差	数据获取方式
1	GB/T 22232—2008《化学物质的热稳定性测定　差示扫描量热法》	起始温度(T_0)	重复性相对标准偏差 3.4 ℃ 再现性相对标准偏差 10 ℃	测试＋操作人员手动选择
		外推起始温度(T_e)	重复性相对标准偏差 0.52 ℃ 再现性相对标准偏差 4.7 ℃	测试＋计算
		峰值温度(T_p)	—	测　试
		反应的焓值(ΔH)	重复性相对标准偏差 3.5% 再现性相对标准偏差 4.7%	测试＋计算
2	GB/T 13464—2008《物质热稳定性的热分析试验方法》	起始温度(T_i)	重复标准偏差应不大于 3.4 ℃	测试＋操作人员手动选择
		外推起始温度(T_e)	重复标准偏差应不大于 0.52 ℃	测试＋计算
		起始放热温度(T_{ie})	—	测试＋计算
		外推起始放热温度(T_{ee})	—	测试＋计算
		峰温(T_p)	—	测　试
		反应的焓值(ΔH)	重复标准偏差应不大于 4.7%	测试＋计算
3	SN/T 3078.1—2012《化学品热稳定性的评价指南　第 1 部分：加速量热仪法》	终点温度(T_{final})	不直接产生测试结果，测试得到的是利用 ARC 获得的函数关系，例如温度、压力随时间变化函数，压力随温度变化函数，压力的对数随绝对温度的倒数变化函数，温升速率和压升速率随时间变化函数等，因此对精密度和偏差不做要求	测　试
		实测绝热温升(ΔT_{obs})		测　试
		始点温度(T_{start})		测　试
		反应热(ΔH)		测试＋计算
		理想绝热温升(ΔT_{ad})		测试＋计算
		热惯性因子(Φ)		计　算
		最大反应速率到达时间(TMR)		测试＋计算
4	SN/T 3078.2—2015《化学品热稳定性测定　第 2 部分：热重分析法》	TG 起始温度(T_0)	重复性标准差为 6 ℃ 再现性标准差为 54 ℃	测试＋操作人员手动选择
		TG 质量变化	重复性标准差为 0.6% 再现性标准差为 2.3%	测试＋计算
		DTG 起始温度	重复性标准差为 5 ℃ 再现性标准差为 18 ℃	测试＋计算
5	NY/T 3784—2020《农药热安全性检测方法　绝热量热法》	起始分解温度(T_s)	2 次平行测定结果误差小于 5 ℃	测　试
		分解终止温度(T_f)	未作出规定	测　试
		绝热温升(ΔT_{ad})	未作出规定	测试＋计算
		热惯性因子(Φ)	未作出规定	计　算
		单位分解放热量($\Delta_r H$)	未作出规定	测试＋计算
6	T/CIESC 0001—2020《化学反应量热试验规程》	反应热(H)	未作出规定	测试＋计算
		热累积度(X_{ac})	未作出规定	测试＋计算
		反应体系比热容(c_p)	未作出规定	测试＋计算

由表 1-6 可知,化工产品热安全检测参数的获取方式包括"测试""测试＋操作人员手动选择""测试＋计算"和"计算"等,部分参数甚至需要根据经验判断得出试验结果。上述参数哪些可以认可,哪些不予认可,以及如何对检测能力的范围进行限制,需要统一、规范的尺度。

(二)人 员

我国化工产品热安全检测实验室主要分为 4 类:第一类是长期从事化工过程安全理论技术研究的部分高校,从业人员主要为高校教师和在校学生;第二类为长期从事化工工艺安全技术研究的部分科研院所,从业人员主要为相关技术的科研人员;第三类为近几年成立的开展反应安全风险评估的第三方专门机构,从业人员来源广泛;第四类为化工企业内部检测实验室,目前申请认可的数目逐年攀升。

化工过程安全技术领域因其特殊性,对从业人员的专业知识、技术水平及经验能力要求较高,不仅需要具备化学、化工相关专业知识,还需要结合化学、化工专业知识的基础进一步深入学习和掌握化工过程安全管理理论及技术相关知识,并在该技术领域具备不低于 3～5 年的工作经历,其间系统接受过仪器设备检测方法、热力学和动力学分析、危险因素识别、危害后果分析、风险评估方法等的培训,掌握相关知识和专业技能。如果从业人员技术能力不满足要求,则可能会严重影响试验测试数据的准确性和有效性。

(三)设施和环境条件

GB/T 22232—2008、SN/T 3078.1—2012、NY/T 3784—2020、T/CIESC 0001—2020 和 GB/T 42300—2022《精细化工反应安全风险评估规范》等测试标准和规范中均未对实验室设施和环境条件作出规定,但相关仪器设备生产商的操作说明中有相关规定,例如差示扫描量热仪要求恒温恒湿(温度不超过 35 ℃,湿度低于 70%),高湿度和电压不稳定会导致绝热量热仪测试曲线出现漂移和不稳定的情况;反应量热仪的安装条件明确规定环境温度为 10～32 ℃,环境湿度＜80%。此外,化学反应量热测试如果涉及气液两相反应,可能会用到有毒有害和易燃易爆气体,检测过程中也可能会伴随有毒有害或易燃易爆气体产生,因此实验室就需要配备有效的通风设施。另外,部分样品可能具有燃爆危险性,因此样品储存就需配备低温、防爆设施。

(四)设 备

化工产品热安全检测实验室需配备的仪器设备主要包括差示扫描量热仪、差热分析仪、热重分析仪、绝热加速量热仪和反应量热仪等。目前相关检测标准中对各仪器设备的精度要求见表 1-7。

目前国内部分实验室采购的是国外进口仪器设备,技术成熟、测试性能稳定,设备生产商的后期维护保养相对规范。也有部分实验室使用国产仪器设备。相较于进口仪器设备,国产仪器设备主要对核心测试部件的结构、数据处理和分析计算软件进行了升级优化,将英文操作界面做了汉化处理,方便操作人员使用。

表 1-7 化工产品热安全检测仪器设备精度

序号	仪器设备	检测标准	精度要求	用途
1	差示扫描量热仪	GB/T 22232—2008《化学物质的热稳定性测定 差示扫描量热法》	温度传感器精度±0.5 K 温度控制器精度±0.1 K 压力传感器误差±5% 天平量程 100 mg 或更大,灵敏度±10 μg	化学物质热稳定性测试
		GB/T 13464—2008《物质热稳定性的热分析试验方法》	温度控制精度±2 ℃ 温度测量精度±0.5 ℃ 气体流量控制误差±5% 压力调节转换误差±5%	
2	差热分析仪	GB/T 13464—2008《物质热稳定性的热分析试验方法》	温度控制精度±2 ℃ 温度测量精度±0.5 ℃ 气体流量控制误差±5% 压力调节转换误差±5%	
3	热重分析仪	SN/T 3078.2—2015《化学品热稳定性测定 第 2 部分:热重分析法》	温度控制精度±0.1 ℃ 热天平灵敏度±10 μg 气体吹扫速率精度±5 mL/min 升温速率精度±0.1 ℃/min	
4	绝热加速量热仪	SN/T 3078.1—2012《化学品热稳定性的评价指南 第 1 部分:加速量热仪法》	未做规定	
		NY/T 3784—2020《农药热安全性检测方法 绝热量热法》	温度传感器分辨率±0.1 ℃ 放热检测灵敏度 0.02 ℃/min 压力传感器分辨率 0.01 bar	
5	反应量热仪	T/CIESC 0001—2020《化学反应量热试验规程》	最低可控加热功率 0.01 W	反应热安全性测试

注:1 巴(bar)=100 千帕(kPa)。

1. 化学物质热稳定性测试设备

1) 差示扫描量热仪

差示扫描量热仪(图 1-4)用于在程序控制温度下测量试样和参比物的功率差与温度的关系,记录得到的曲线称 DSC 曲线。该曲线以样品吸热或放热的速率即热流率 $\mathrm{d}H/\mathrm{d}t$(单位 mJ/s)为纵坐标,以温度 T 或时间 t 为横坐标,可以测定多种热力学和动力学参数,例如比热容、反应热、转变热、反应速率、结晶速率、高聚物结晶度、样品纯度及相图等。

2) 差热分析仪

差热分析仪(图 1-5)是一种在程序控制温度下测量物质与参比物之间的温度差与温度的函数关系的仪器,主要测量与热量有关的物理、化学变化,如物质的熔点、熔化热、结晶与结晶热、相变反应热、热稳定性(氧化诱导期)、玻璃化转变温度等。

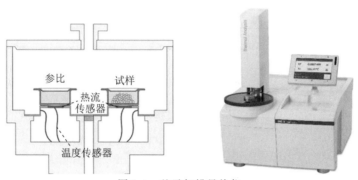

图 1-4　差示扫描量热仪

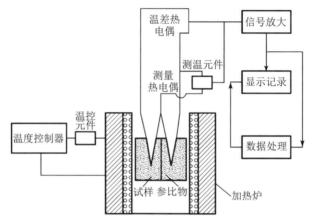

图 1-5　差热分析仪测量原理

3）热重分析仪

热重分析仪（图 1-6）是在程序控制温度下测量物质的质量与温度或时间关系的一种热分析仪器，用来研究物质的热稳定性和组分。热重分析的基本原理是：将样品质量变化所引起的天平位移量转化成电磁量，这个微小的电磁量经过放大器放大后送入记录仪记录，而电磁量的大小正比于样品的质量变化量。当被测物质在加热过程中升华、汽化、分解出气体或失去结晶水时，被测物质的质量就会发生变化，使热重曲线有所下降。通过分析热重曲线，可以知道被测物质在多少摄氏度下产生变化及失去多少物质等信息。

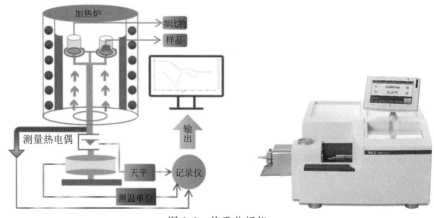

图 1-6　热重分析仪

4）绝热加速量热仪

绝热加速量热仪（图 1-7）是一种用于化学工程、化学领域的分析仪器，用于准确计量爆炸、热失控反应及物质分解时的温度及压力变化数据，广泛应用于有机化学、石油化工、药物、农业化肥、精细化工、聚合物与塑料、含能材料等领域的化工工艺研发、工艺优化与放大、化学品热危险性评估、燃爆事故调查与分析及热动力学研究等。

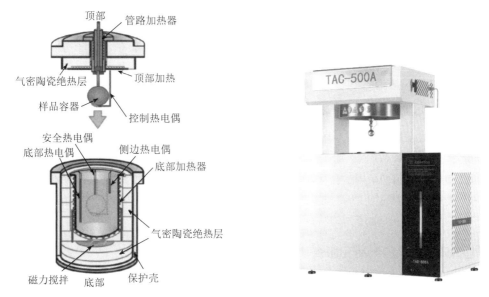

图 1-7 绝热加速量热仪

2. 化学反应热安全性测试设备

化学反应热安全性测试设备目前主要采用反应量热仪（图 1-8）。该设备是一种用于化学工程、化学、安全科学技术领域的分析仪器，以实际工艺生产的间歇、半间歇反应釜为模型，在实际工艺条件的基础上模拟反应工艺的具体过程及详细步骤，并准确监控和测量化学反应的过程变量，例如温度、压力、加料速率、混合过程、反应热流、热传递数据等。所得结果可以较好地放大至实际工厂的生产条件。

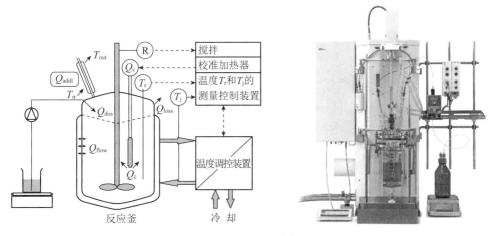

图 1-8 反应量热仪

（五）计量溯源性

差示扫描量热仪可根据 JJG 936—2012《示差扫描量热计》进行设备检定,但 JJG 936—2012 给出的检定/校准结果中不包括 GB/T 22232—2008 第 9 条要求校准的"时间信号参数";差热分析仪可根据 JJG 014—1996《热分析仪检定规程》进行检定/校准;热重分析仪可根据 JJG 1135—2017《热重分析仪》进行检定/校准;而绝热量热仪和反应量热仪目前没有检定/校准规程,对于需校准的关键零部件的选择、校准物质或可溯源的参考对象的选择、能够溯源至 SI 单位的关键变量的选择等,目前没有明确和统一的规定。

（六）要求、标书和合同评审

通过对实验室的认可评审发现,很多实验室在要求、标书和合同评审方面存在问题,例如与客户签订的合同中可能缺少对合成化工产品的原料、中间产品、产品、副产物和废弃物等相关物料的规格和数量、贮存环境和保质期、合成化工产品的化学反应的工艺参数条件等与检测密切相关的信息,未在合同中明确实验室获 CNAS 认可的检测能力中不包含"物质分解热""失控反应严重度""失控反应发生可能性""失控反应安全风险矩阵"和"反应工艺危险度等级"等评估能力,因此需要进一步进行规范。

（七）外部提供的产品和服务

化工产品热安全检测涉及的化工产品合成的原料、中间产品、产品、副产物和废弃物等相关物料原则上由客户提供,但部分物料尤其是中间产品和部分产品可能处于密闭、高温高压环境的装置或储罐中,客户无法取样,或因物料的危险性无法运输,因此需要实验室采购或自行制备。此时,实验室需要严格依据客户提供的技术要求并征得客户同意后方可进行采购或(和)制备。

此外,化学反应热安全性检测仪器设备如反应量热仪结构复杂,一般由设备生产商提供设备核查、标定、维护保养、参数校正、修改设置等服务,实验室需要对这类服务进行评价或列入供应商提供的服务中。

（八）方法的选择、验证和确认

在方法的选择、验证和确认方面,大部分实验室存在对标准方法的验证和非标方法的确认概念不清、标准方法验证和非标方法确认记录内容缺失、验证和确认能力不足、不知道对标准中的哪些关键技术内容进行验证和确认等问题。例如,化学物质热稳定性检测中的差示扫描量热检测标准 GB/T 22232—2008、GB/T 13464—2008 对温度测试范围、压力测试范围和测试气氛均有规定,但大部分实验室在进行方法验证时只关注了温度范围;在对化学反应热安全性检测标准 T/CIESC 0001—2020 进行方法确认时,忽视对影响检测结果的因素如反应器的选择、温度传感器和压力传感器的校准、导热油循环系统、导热油油位、搅拌速率、环境条件和安全设施等进行系统性评审。

此外,GB/T 22232—2008、GB/T 13464—2008、SN/T 3078.1—2012、SN/T 3078.2—2015、NY/T 3784—2020 等检测标准中均含有局限性/限制、危害/警示、安全措施/安全事项/安全预防等与安全相关的内容,但实验室在进行方法验证时缺少对上述安全相关内容的验证记录；T/CIESC 0001—2020 涉及气液两相反应时，缺少对使用的易燃易爆和有毒有害类气体的泄漏监控及安全控制措施进行确认的记录。

（九）抽　样

大部分化工产品热安全检测实验室只对客户送检的样品负责，但部分实验室尤其是企业内部实验室可能会涉及抽样，例如从化工装置或储罐中抽取物料，此时应明确抽取检测样品的方案和方法，并得到客户确认。此外，在抽样过程中还应关注样品的均匀性、抽样部位、环境温度、湿度等影响因素，在抽样方法中也要关注抽取后样品的保存环境等。

（十）检测物品的处置

对于化工产品热安全检测物品的处置要求，因化工反应测试涉及样品可能具有爆炸、自反应、易燃、有毒有害等危险性，所以在样品的接收、登记、检测、储存、运输等环节应重点关注相关危险性，并做好安全防护措施。

（十一）技术记录

技术记录方面存在的主要问题是记录的信息不全，例如化学反应热安全性检测原始记录中除物料信息（如名称、颜色、状态、浓度、质量或体积等）和检测结果外，还应记录化学反应流程、反应条件、工艺参数和反应过程中观察到的化学反应现象等过程信息，而实验室往往会忽视这些信息。

（十二）确保结果的有效性

确保结果的有效性是实验室开展检测活动的重要工作之一。化工产品热安全性检测参数均为温度、热量等物理性能参数，缺少可供使用的有证标准物质，在确保结果的有效性方面不能完全参照常规的化学分析检测。虽然目前大部分实验室采用人员比对、设备比对等方式开展质控活动，但在质控参数和质控物质的选择、监控活动数据分析结果的可接受准则、设备的功能核查和期间核查、实验室间比对、参加能力验证计划等方面需要进行一致性的探索。

（十三）报告结果

目前，大部分实验室提交的申请认可材料中的典型报告普遍存在报告内容缺失（缺少检测标准中规定的应报告的内容）、报告中含有不在申请认可检测能力范围内的项目/参数（如绝热量热测试通过计算获取的最大反应速率到达时间为 24 h 时对应的温度 T_{D24}）、报告中含有评估结论（会让客户产生"评估过程获得了实验室认可"的误解）等问题。此外，当实验室采用客户生产装置现场抽取的样品，或依据客户提供的技术要求并征得客户同意后进行采购或（和）制备的样品时，应在报告中予以声明。检测样品的物料信息和化学反应的工艺参数条件信息也需要在报告中体现。

第二章 《化工产品热安全检测领域实验室认可技术指南》的应用

CNAS-GL051:2022《化工产品热安全检测领域实验室认可技术指南》根据实验室开展化工产品热安全检测活动的技术特点,对照 CNAS-CL01:2018《检测和校准实验室能力认可准则》、CNAS-CL01-A002:2020《检测和校准实验室能力认可准则在化学检测领域的应用说明》的条款给出了技术建议(CNAS-GL051 与 CNAS-A002 的条款对照见本书附录一)。本章主要对《化工产品热安全检测领域实验室认可技术指南》的条款内容进行详细解析,解析内容包括"理解要点"和"评审建议"。其中,"理解要点"用于指导化工产品热安全检测领域实验室相关管理和技术人员熟悉、理解和掌握《化工产品热安全检测领域实验室认可技术指南》的条款,供拟申请认可及已获认可的实验室规范其质量和技术活动。"评审建议"主要为该领域实验室认可评审员在实施评审过程中提供参考。

一、范 围

(一)《化工产品热安全检测领域实验室认可技术指南》条款

> **1 范围**
> 本指南适用于指导化工产品热安全检测的实验室(以下简称实验室)建立管理体系,供拟申请认可及已获认可的实验室规范其质量和技术活动,也可供评审员在评审过程中参考使用。

(二)理解要点

本指南适用于化工产品热安全检测实验室检测活动的各个阶段。

化工产品热安全检测领域实验室的检测活动可参照本指南的内容进行,如果有适用的法律法规要求,实验室也应满足相关法律法规的要求。

化工产品热安全检测领域实验室的检测活动同时也需要满足 CNAS-CL01-A002《检测和校准实验室能力认可准则在化学检测领域的应用说明》的要求。

二、规范性引用文件

(一)《化工产品热安全检测领域实验室认可技术指南》条款

2 规范性引用文件

下列文件对于本文件的应用是必不可少的。凡是注日期的引用文件,仅所注日期的版本适用于本文件。凡是不注日期的引用文件,其最新版本(包括所有的修改单)适用于本文件。

CNAS-CL01《检测和校准实验室能力认可准则》

CNAS-CL01-A002《检测和校准实验室能力认可准则在化学检测领域的应用说明》

CNAS-RL01《实验室认可规则》

GB/T 22232《化学物质的热稳定性测定 差示扫描量热法》

SN/T 3078.1《化学品热稳定性的评价指南 第 1 部分:加速量热仪法》

(二)理解要点

本指南引用了 CNAS-CL01《检测和校准实验室能力认可准则》、CNAS-RL01《实验室认可规则》、CNAS-CL01-A002《检测和校准实验室能力认可准则在化学检测领域的应用说明》和相关检测标准,确定了化工产品热安全检测领域实验室在检测活动中的有关术语和定义。

三、术语和定义

(一)《化工产品热安全检测领域实验室认可技术指南》条款

3 术语和定义

3.1 热安全检测 Thermal safety test

按照程序确定各类化工产品的一个或多个热安全特性的活动,一般包括合成原料、中间产品、产品、副产物和废弃物的热稳定性检测,以及化学反应的热安全性检测。

3.2 化学物质热稳定性 Thermal stability of chemical material

在一定条件下,确定化工产品的原料、中间产品、产品、副产物和废弃物等化学物质是否发生吸热或放热的任何变化。一般包括起始放热温度、反应热、绝热温升、绝热条件下的最大反应速率达到时间等热稳定性参数检测。

3.3 化学反应热安全性 Thermal safety of chemical reaction

在一定条件下,确定合成化工产品的化学反应是否因反应体系的热平衡被打破而使温度升高。一般包括反应热、反应体系比热容和最大热累积度等热安全性参数检测。

（二）理解要点

本指南确定了化工产品热安全检测领域实验室的三个术语和定义，包括热安全检测、化学物质热稳定性和化学反应热安全性。

化工产品热安全检测起源于化工过程安全管理的工艺危害分析，为化工过程反应危险性评估提供数据基础和技术支撑，随化工过程安全管理技术的不断进步逐步发展而来。

检测活动主要包括化学物质热稳定性和化学反应热安全性检测。

检测对象主要为化工生产过程中的原料、催化剂、中间产品、产品、副产物、废弃物，以及蒸馏、分馏等处理过程中涉及的各相关物料和化工生产过程中涉及的相关化学反应。

四、通用要求

通用要求同 CNAS-CL01:2018《检测和校准实验室能力认可准则》。

五、结构要求

（一）《化工产品热安全检测领域实验室认可技术指南》条款

> **5.2** 化工产品热安全检测实验室管理层中至少应包括一名在此领域具有足够知识和经验的人员，该人员应具有化学专业或与所从事检测范围密切相关专业（以下简称化学或相关专业）的本科及以上学历和五年以上化工产品热安全检测的工作经历。

（二）理解要点

条款5.2是指化工产品热安全检测领域实验室应对技术负责人有基本的资质要求。该岗位是化工产品热安全检测领域实验室管理层中的重要岗位之一，具体要求如下：

实验室必须任命一名或一名以上的技术负责人，全面负责实验室检测活动的技术管理工作，包括：检测方法实施、检测技术培训方案确定、检测人员资质能力确认、检测操作过程的技术支持、检测环境和实施确认、检测设备确认、计量溯源性要求确认、确保检测结果的有效性、检测报告确认、检测处理客户投诉和申诉等技术工作。

如果化工产品热安全检测实验室还从事其他领域的检测工作，并且针对不同检测领域任命一名以上的技术负责人，那么化工产品热安全检测领域技术负责人所承担的职责范围应予以规定和文件化，不能出现与其他领域检测技术负责人相冲突和重叠。

实验室应有证据证明，其任命的技术负责人在化工产品热安全检测领域具有足够的知识和经验，具有化学专业或与化工产品热安全检测密切相关专业的本科以上学历，具有五年以上化工产品热安全检测工作经历，熟悉化工产品热安全检测领域的检测标准、法律法规、行业动态，在本实验室中具备令人满意的技术能力，能够胜任技术管理工作，并承担以下职责：

（1）化工产品热安全检测技术的决策。

（2）组织处理实验室检测工作中遇到的技术问题。

（3）负责检测人员技术培训和考核，指导检测人员及时、准确地完成各项检测工作。

（4）组织开展化工产品热安全检测所必需的设施和环境条件的配置，确保工作环境满足化工产品热安全检测的要求。

（5）组织新项目评审和仪器设备购置的论证、验收，批准与技术相关的作业指导书。

（6）组织各项检测方法的实施和检测方法的开发、更新、验证及确认。

（7）组织实施实验室的质量控制活动，分析监控活动的数据并用于控制和实时改进实验室的检测活动。

（三）评审建议

化工产品热安全检测领域实验室应能提供其技术负责人的技术档案，以便确认其具备的教育背景、专业资质和专业工作经历，并要求实验室的技术负责人具备以下能力并行使以下职责：

（1）根据检测活动的需要，按照规定选择满足合同要求的检测标准方法和检测依据。

（2）组织标准方法的验证和非标方法的确认。

（3）确定岗位的技术能力需求，对检测人员的能力和资质进行确认。

（4）确认对检测人员的监督计划和监督结果。

（5）确认检测人员和管理人员的培训计划和实施方案。

（6）确认检测环境和设施满足检测标准和检测依据的要求。

（7）确认检测设备满足检测标准和检测依据的要求。

（8）确认质量控制计划和实施方案。

（9）正确处理客户投诉和申诉涉及的技术管理问题。

相关文件中对技术负责人不在岗时的代理应有明确界定，应核定实验室对技术负责人不在岗时代理人的任命文件，或者不设立技术负责人代理人的相关规定。

六、资源要求

（一）人　员

1.《化工产品热安全检测领域实验室认可技术指南》条款

> **6.2　人员**
>
> 　6.2.2　从事化工产品热安全检测合同技术评审、检测、数据审核、报告签发、报告的意见与解释人员，需要至少具有化学、化学工程或化工安全及相关专业专科学历，以及在申请认可或已获认可的化工产品热安全检测领域，如化学物质热稳定性、化学反应量热等的检测工作经历。从事方法开发的人员，要具有足够化学物质热稳定性和化学反应热安全性知识、经验和相应检测能力。在实验室形成文件的能力要求中要包括以上内容。

6.2.5c) 从事化工产品热安全检测的人员,要经过相应的培训,并保留培训记录。

——从事化学物质热稳定性检测的人员需要接受包括化学物质的热稳定性识别方法(见附录二)、检测方法、质量控制方法以及有关危险化学品主要理化参数、燃爆/毒性等危险特性、安全使用注意事项、泄漏应急处置措施及法律法规等方面知识的培训并保留相关记录。操作差示扫描量热仪、绝热量热仪等仪器或相关设备的人员还要接受过涉及仪器原理、操作和维护等方面知识的专门培训,掌握相关的知识和专业技能。——实验室从事化学反应热安全性检测的人员需要接受过包括化学反应热安全性风险识别(见附录二)、检测方法、质量控制方法以及国家重点监管的危险化工工艺的工艺危害特点、典型工艺、重点监控工艺参数、安全控制的基本要求及法律法规等方面知识的培训并保留相关记录。操作反应量热仪的人员还要接受涉及仪器原理、操作和维护等方面知识的专门培训,掌握相关的知识和专业技能。

2. 理解要点

检测人员是实验室最重要的资源,条款6.2规定了化工产品热安全检测领域实验室检测相关人员的专业背景、学历、检测工作经历、专业判断能力、知识、经验、技能等。

条款6.2.2的要点如下:

对影响检测结果的合同技术评审、检测、数据审核、报告签发、报告的意见与解释人员的能力要形成文件。

检测人员至少具有化学、化学工程或化工安全及相关专业专科学历,以及申请认可或已获认可的化工产品热安全检测的检测经历。

从事方法开发的人员要具有足够化学物质热稳定性和化学反应热安全性知识、经验和相应检测能力。

从事报告签发的人员还要满足CNAS-CL01-A002第6.2.3.2条款中对授权签字人的要求。

条款6.2.5c)的要点如下:

从事化工产品热安全检测的人员包括从事化学物质热稳定性的检测人员和从事化学反应热安全性的检测人员。对于化学物质热稳定性检测人员的培训应至少包括:化学物质热稳定性识别方法(见本书附录二)、对检测方法的掌握、对检测对象性能的掌握(包括燃爆性和毒性、安全防护、应急预案等)、精密仪器的操作与维护等。对于化学反应热安全性检测人员的培训应至少包括:化学反应热安全性风险识别方法(见本书附录二),对反应原理、工艺危害特点、工艺规程的掌握,对检测全过程风险点的识别,安全控制与防护要求,应急预案等,精密量热仪的操作与维护等。化学反应热安全性检测人员应熟悉的常见危险工艺危害特点见本书附录三[15-16](常见危险工艺的危害特点)。

化工产品热安全检测不同于化学分析检测,对检测人员是否具备"化工产品热安全检测相关的安全和防护、救护知识"关注度更高。

化工产品热安全检测领域"有关化学安全和防护、救护知识的培训"关注实验室涉及检测样品的危险性及危险性分析方法、消防措施、紧急情况应急措施、防护用品使用、废料危险性及处理措施等内容。

在实施检测前,应请客户提供待检测样品的化学品安全技术说明书(SDS)[17],组织检测人员进行培训,掌握待测样品的危险特性。

针对化学反应热安全性检测人员开展作业前安全分析(JAS)[18],在实施化学反应量热试验前应进行JAS分析(JAS介绍及分析步骤见本书附录四)。

针对从事化工产品热安全检测人员开展有关危险化学品法律法规等方面知识的培训,针对化学反应热安全性检测人员开展有关危险化工工艺法律法规等方面知识的培训,建议培训的相关法律法规及规范性文件参见本书附录五。

3. 评审建议

核查实验室是否针对检测人员开展有关化工产品热安全检测的培训;核查培训是否具有针对性,是否涉及实验室从事的化工产品热安全检测涉及的样品危险性及危险分析方法、消防措施、紧急情况应急措施,以及防护用品的使用、废料的处理等;核查培训的有效性,以及检测人员是否掌握相关培训知识。

(二)设施和环境条件

1.《化工产品热安全检测领域实验室认可技术指南》条款

> **6.3 设施和环境条件**
>
> **6.3.1** 当环境条件对检测结果的有效性有影响,或者存在交叉污染可能时,实验室可根据其特定情况确定是否需要配置必要的设施和需要控制相关区域,并采取有效措施。对检测结果有效性的影响包括但不限于:环境温湿度超过仪器正常使用范围;电压不稳定、振动源与大功率用电设备交叉等因素导致差示扫描量热仪、绝热量热仪和反应量热仪等仪器不能正常测试。
>
> **6.3.4** 当实验室的检测活动涉及使用易燃易爆、有毒有害等危险化学品时,可根据需要配置具有防火防爆功能、监测易燃易爆和有毒有害气体的安全防护设施,并定期监控和评价设施的有效性。
>
> **6.3.5** 当进行现场抽样时,实验室要提前与委托方或受检方沟通并确认现场装置、设施及环境条件(如:现场生产装置的工艺参数条件、环境条件的技术指标或生产工况现状等),并保留沟通记录及工艺参数条件、环境条件确认记录。

2. 理解要点

设施与环境是实验室开展检测工作的重要工作资源之一,条款6.3对化工产品热安全检测领域实验室应具备的设施和环境条件提出了具体要求,以指导实验室正确地配备设施和环境条件,确保获得正确的检测结果。

条款6.3.1的要点如下:

目前,部分采用差示扫描量热法的检测标准中对环境温湿度做了规定(例如JY/T 0589.3—2020《标准热分析方法通则 第3部分:差示扫描量热法》规定温度20～25 ℃,湿度<75% RH),化工产品热安全检测涉及的检测标准GB/T 22232—2008、SN/T 3078.1—2012和NY/T 3784—2020虽未对实验环境条件做详细规定,但相关设备操作规程中有温湿度控制范围建议,实验室应考虑高湿度和不稳定电压也会影响差示扫描量热仪和绝热量热

热仪的测试结果,配备空调、除湿机等,以保证环境温湿度不对检测结果产生影响。

例如,差示扫描量热仪在使用时一般会要求对实验室内的环境温度进行控制,使环境温湿度达到设备生产商提供的操作规程中规定的温湿度条件;绝热量热仪和反应量热仪亦然。

此外,电压不稳定、振动源和与大功率用电设备交叉等因素会导致差示扫描量热仪、差热分析仪、热重分析仪、绝热量热仪和反应量热仪等仪器不能正常测试,因此建议实验室配备防止电源干扰、稳压和防止断电的装置或有效措施(特别是反应量热仪)。

条款 6.3.4 的要点如下:

(1)绝热量热仪安全防护设施。

绝热量热仪样品的测试要升温至 $450\sim500$ ℃,样品在量热球内分解一般都会产生一些有毒有害的气体,同时高温条件下在量热球内也会有待测样品的蒸气,测试过程中如果压力管线泄漏或温度降至常温后量热球内有分解产生的气体,直接排在实验室内会对检测人员的健康产生影响,因此建议配备通风设施。另外,有些实验室采用管线连接方式,待量热球的温度降至室温后再将其内的气体排出室外,但采取这种方式时需要注意:一是管线内会残存大量的物质附在管线内壁上,时间长了会造成堵塞;二是不同的排放物之间如果不相容,可能会在管线内发生反应,存在一定的安全隐患。因此,如果采用这种方式,一定要勤清理和更换管线。

(2)反应量热仪安全防护设施。

部分实验室化学反应热安全性检测涉及气液两相反应甚至气液固三相反应,在测试过程中可能会使用易燃易爆或有毒有害气体,如氢气、氯气等(它们的危险性和处置要求详见本书附录六)。为防止易燃易爆或有毒有害气体泄漏导致安全事故,实验室应配备易燃易爆或有毒有害气体报警器,对易燃易爆或有毒有害气体泄漏进行监控。由于易燃易爆和有毒有害气体报警器属于强制检定设备,实验室应定期对报警器进行检定,并在检定后对其进行定期监控和有效性评审,防止报警器失效造成无法对易燃易爆或有毒有害气体泄漏进行监控情况的发生。

建议使用易燃易爆或有毒有害类危险化学品的实验室:

(1)配制洗眼器/紧急喷淋装置。

(2)如果使用易燃易爆或有毒有害气体,应配备合适的气体报警器。

(3)制订检定计划,定期委托专业检定机构检定气体报警器。

(4)制定定期监控和评审气体报警器的程序或作业指导书,严格检查使用期间是否正常工作。

(5)配备防爆设施和防静电设施。

(6)为检测人员配备防爆护具、防毒面具、阻燃护具和应急药箱。

(7)配备合适的灭火器材或设施。

(8)确保安全设施设备处于正常运行状态。

条款 6.3.5 的要点如下:

如果实验室需要到化工生产装置现场进行现场抽样,应提前与委托方或受检方沟通并确认现场装置、设施及环境条件,确保现场抽样环境与设施符合方法的要求,并保留对相关条件沟通与确认的记录。

3. 评审建议

（1）核查实验室是否配备环境温湿度控制设施，并控制环境温湿度在设备供应商提供的操作说明中规定的温湿度条件下。

（2）核查实验室是否采取有效措施防止设备运行期间的电压不稳定和断电造成的影响，核查实验室是否配备有效的通风设施。

（3）对于涉及使用易燃易爆、有毒有害等危险化学品的实验室，核查其是否根据需要配置具有防火防爆功能、监测易燃易爆和有毒有害气体的安全防护设施，并定期监控和评价设施的有效性。

（4）核查现场抽样的沟通记录及工艺参数条件、环境条件确认记录。

（三）设 备

1.《化工产品热安全检测领域实验室认可技术指南》条款

6.4 设备

6.4.1 实验室配备的化学物质热稳定性测试仪、绝热量热测试仪和化学反应量热仪等关键检测设备应当是实验室购买或长期租赁（租赁期限至少覆盖一个认可周期）的设备。

6.4.2 实验室在使用永久控制之外的设备前，需要核查其是否符合要求，并保存核查和使用记录。如：现场抽样，使用生产现场的外部仪器仪表。

6.4.3 实验室可根据标准物质的特性对其分类并妥善存放，例如用作绝热量热仪系统性能验证的标准物质二叔丁基过氧化物（di-tert-butyl peroxide，DTBP）和偶氮二异丁腈（azobisisobutyronitrile，AIBN）要低温避光保存。二叔丁基过氧化物应与还原剂、碱类分开存放，偶氮二异丁腈应与氧化剂分开存放。

6.4.4 对于只需对某些关键部件或参量进行校准的设备，当设备投入使用或重新投入使用前，还要同时使用标准物质（可参考本标准附录D《反应量热仪性能验证范例》）对整台/套设备的性能进行验证。

示例：反应量热仪，需要校准温度传感器和压力传感器，设备投入使用或重新投入使用前要用标准物质（醋酸酐水解反应或水的比热容测试）对整机进行验证。

---

2. 理解要点

设备是实验室开展检测活动的工作资源之一，条款6.4对设备的配备、核查、标准物质管理、性能验证等提出了具体要求，用于指导化工产品热安全检测领域实验室正确地管理和使用仪器设备、标准物质，保证检测结果的准确、有效。

条款6.4.1的要点如下：

化工产品热安全检测领域实验室至少应具有化工产品热安全检测所需的差示扫描量热仪、绝热量热仪、反应量热仪等仪器设备。实验室可以购买，也可以租用上述仪器设备。

对于租用的设备，其租赁期限至少覆盖一个认可周期，并且实验室在租赁期内完全拥有该设备的使用权限;不得同时租赁或借用给其他检测机构使用。

实验室应独立承担确保所使用的设备的适用性和校准状况的责任,实验室必须保障所使用的设备处于适用于检测工作的状态。同时,实验室应确保设备能持续使用。

条款 6.4.2 的要点如下:

当实验室到化工生产装置现场进行抽样需要使用装置现场的设备(例如生产现场的仪器仪表)时,应提前与委托方或受检方沟通并核查装置现场的设备是否符合现场抽样要求,且使用之前应验证其校准状态。验证程序应文件化,并保存与委托方或受检方的沟通记录、设备验证与核查和使用记录。

条款 6.4.3 的要点如下:

根据《危险化学品目录》(2015 版)[19],绝热量热仪系统性能验证的标准物质二叔丁基过氧化物(DTBP)属于列入《危险化学品目录》的危险化学品(序号 573),危险性类别为:52%<含量≤100%,有机过氧化物,E 型;含量≤52%,含 B 型稀释剂≥48%,有机过氧化物,F 型。偶氮二异丁腈(AIBN)也属于列入《危险化学品目录》的危险化学品(序号 1600),危险性类别为:自反应物质和混合物,C 型;危害水生环境-长期危害,类别 3。

DTBP 通常含有易燃稀释剂,遇热、光照、摩擦、震动或杂质污染均有可能发生剧烈分解,甚至爆炸;AIBN 与碱金属反应会放出易燃气体,与有机过氧化物、强氧化剂、金属盐、硫化物、强酸接触会发生剧烈反应,严重时有可能发生爆炸。因此,DTBP 和 AIBN 需要低温避光保存,建议实验室配备低温防爆冰箱,且 DTBP 与还原剂、碱类分开存放,AIBN 与氧化剂、金属盐、硫化物、强酸等分开存放。绝热量热仪用作系统性能验证的校准物质 DTBP、AIBN 和溶剂甲苯、二氯甲烷的危险性及处置要求详见本书附录六[20]。

条款 6.4.4 的要点如下:

条款 6.4.4 主要针对绝热量热仪和反应量热仪。

对于绝热量热仪,SN/T 3078.1—2012 第 8.1 条款规定:

8.1.1 仪器校准应该定期或在系统有重大改变(热电偶或加热器的更换、样品容器破裂、限制外的漂移等)时进行,且应包括校准物质的温度范围。

8.1.2 仪器校准最好用一个空的、干净的、重量较轻的样品容器进行。

8.1.3 选择合适的化合物用作系统性能验证的校准物质。例如,本标准附录 A 中所概述的用 ARC 循环测试的结果。其他合适的仪器可使用相同或不同的校准物质。

对于绝热量热仪,NY/T 3784—2020 第 4.3 条款规定:

4.3.1 设备在初次使用前应对其进行校准;使用过程中应依据测试频次定期进行校准;在测试体系有重大变化时,要进行校准。重大变化包括但不限于温度传感器、压力传感器、加热器的更换等。校准区间应包括测试物质的温度范围。

4.3.2 选择合适的化合物用作系统性能验证的校准物质,常用的校准物质包括但不限于 20%(质量分数)过氧化二叔丁基的甲苯溶液、12%(质量分数)偶氮二异丁腈的二氯甲烷溶液等。

SN/T 3078.1—2012 中虽然推荐了 3 种绝热量热仪的系统性能验证校准物质,分别为 20% DTBP 甲苯溶液、12% AIBN 二氯甲烷溶液和物质的量比为 2:1 的甲醇-乙酸酐,但未明确具体的温度参考值,只给出了 3 种校准物质的自热速率与温度关系图;

而 NY/T 3784—2020 中推荐了 2 种校准物质,分别为 20% DTBP 甲苯溶液和 12% AIBN 二氯甲烷溶液,并给出了起始分解温度(T_0)的参考值范围,分别是 20% DTBP 甲苯溶液 115~125 ℃,12% AIBN 二氯甲烷溶液 48~52 ℃。实验室可参照 NY/T 3784—2020 推荐的校准物质和起始分解温度(T_0)的参考值范围进行绝热量热仪的系统性能验证。

反应量热仪检测标准 T/CIESC 0001—2020 中未对设备校准及系统性能验证进行规定,通常可采用设备生产商提供的校准操作规程,采用水在 25 ℃ 时的比热容参考值[查《化学化工物性数据手册》[21],水在 25 ℃ 时的标准比热容为 4.184 6 J/(g·K)]和设备生产商提供的醋酸酐水解反应(反应原料包括醋酸酐、98% 浓硫酸、水)的平均表观反应热参考值范围进行反应量热仪的系统性能验证。

3. 评审建议

(1)核查实验室配备的差示扫描量热仪、差热分析仪、热重分析仪、绝热量热仪和反应量热仪等仪器设备是否为自有设备,如果是实验室租用的设备,租赁期限是否至少覆盖一个认可周期;核查设备是否处于适用于检测工作的状态。

(2)对从事现场抽样的机构,还需要核查其使用装置现场的设备校准状态的验证程序、验证记录、与客户的沟通记录,以及核查和使用设备的记录。

(3)核查绝热量热仪系统性能验证标准物质 DTBP 和 AIBN 是否低温避光保存,是否按照 DTBP 和 AIBN 的化学品安全技术说明书中的要求使用和处置。

(4)核查绝热量热仪和反应量热仪的系统性能验证程序和记录。

(四)计量溯源性

1.《化工产品热安全检测领域实验室认可技术指南》条款

> **6.5 计量溯源性**
>
> **6.5.2** 如果无法对设备进行整机校准,则除履行设备操作手册描述的由制造商建议的校准程序外,还需考虑对其关键零/部件(例如温度传感器、压力传感器等)及能够溯源到 SI 单位的主要参量等进行校准。

2. 理解要点

条款 6.5.2 的要点如下:

化工产品热安全检测领域实验室应保证差示扫描量热仪、差热分析仪、热重分析仪、绝热量热仪、反应量热仪等主要仪器设备在投入使用前已校准,并满足 CNAS-CL01-G002:2021《测量结果的计量溯源性要求》中的要求。

实验室应制订校准计划,并按照规定的周期执行校准计划,以确保实验室的检测结果可溯源到国家或国际测量基准。

(1)差示扫描量热仪。

差示扫描量热仪可按照 JJG 936—2012《示差扫描热量计》进行检定/校准,项目参见 JJG 936—2012 第 6.2 条款(表 2-1)。

表 2-1 差示扫描量热仪校准项目

序　号	检定项目	首次检定	后续检定	使用中检定
1	外观检查	＋	＋	＋
2	基线噪声/mW	＋	－	－
3	基线漂移/mW	＋	－	－
4	程序升温速率偏差/%	＋	＋	＋
5	温度重复性/℃	＋	＋	＋
6	温度示值误差/℃	＋	＋	＋
7	热量重复性/%	＋	＋	＋
8	热量示值误差/%	＋	＋	＋
9	分辨率	＋	＋	－

注:"＋"为应检项目,"－"为可不检项目。

GB/T 22232—2008《化学物质的热稳定性测定　差示扫描量热法》第 9 条规定:

9.2　按 ASTM E967-08《Standard Test Method for Temperature Calibration of Differential Scanning Calorimeters and Differential Thermal Analyzers》(《差示扫描量热和差热分析仪温度校准指南》),校准温度信号在±2 ℃之内。

9.3　按 ASTM E968-02《Standard Practice for Heat Flow Calibration of Differential Scanning Calorimeters》(《差示扫描量热热流校准指南》),校准热流信号在±1%之内。

9.4　按 ASTM E1860-13《Standard Test Method for Elapsed Time Calibration Thermal Analyzers》(《热分析仪消逝时间校准的试验方法》),校准时间信号在±0.5%之内。

可以看出,差示扫描量热仪热量计的检定规程(JJG 936—2012)的检定项目中不含时间信号,而 GB/T 22232—2008 第 9.4 条款规定校准时间信号在±0.5%之内。建议实验室对差示扫描量热仪在校准前应向校准机构明确需要校准时间信号,如果不能对差示扫描量热仪的时间信号进行校准,则至少应校准 JJG 936—2012 第 6.2 条款表 2 中规定的"程序升温速率偏差"。

(2)差热分析仪。

GB/T 13464—2008《物质热稳定性的热分析试验方法》附录 A 中规定了差热分析仪的温度校准方法,采用附录 A 表 A.1 中所列物质(纯度大于 99.9%)的相转变温度对仪器进行校准,并提供了"两点校准法"和"一点校准法"两种校准方法的试验步骤和计算方法。

(3)热重分析仪。

热重分析仪可按照 JJG 1135—2017《热重分析仪检定规程》进行检定/校准,项目参见 JJG 1135—2017 第 6.2.1 条款(表 2-2)。

表 2-2　热重分析仪检定项目

序　号	检定项目	首次检定	后续检定	使用中检定
1	外观及功能要求	＋	＋	＋
2	质量零点漂移	＋	－	－
3	质量基线漂移	＋	＋	－
4	质量重复性	＋	＋	＋
5	质量示值误差	＋	＋	＋
6	升温速率示值误差	＋	－	－
7	温度重复性	＋	＋	＋
8	温度示值误差	＋	＋	＋

注："＋"表示应检定项目，"－"表示可不检定项目。

（4）绝热量热仪和反应量热仪。

如果无法对绝热量热仪和反应量热仪整机进行校准,建议对其关键零部件温度和压力传感器进行校准。

3. 评审建议

（1）核查差示扫描量热仪、差热分析仪、热重分析仪、绝热量热仪和反应量热仪的关键零部件温度和压力传感器的校准计划、校准证书、校准证书确认记录等。

（2）核查差示扫描量热仪校准计划和校准证书中是否包含对时间信号或程序升温速率偏差的校准信息。

（3）核查热重分析仪校准计划和校准证书中是否包含对质量和温度信号的校准信息。

（4）核查绝热量热仪和反应量热仪的关键零部件温度和压力传感器的校准记录。

（五）外部提供的产品和服务

1.《化工产品热安全检测领域实验室认可技术指南》条款

6.6　外部提供的产品和服务

6.6.2a）　当客户要求由实验室提供合成化工产品的原料、中间产品、产品、副产物和废弃物等相关物料时,实验室需要依据客户提供的技术要求并征得客户同意后进行采购或（和）制备。

2. 理解要点

条款 6.6.2a）的要点如下：

化工产品热安全检测实验室一般不负责样品的采购或（和）制备,因为采购或（和）制备的样品可能会与客户实际化工生产过程中的工业产品存在纯度上的差异,这种差异会导致热安全参数检测结果的偏差。如果客户因样品不稳定或危险性高等因素无法提供样品,需由实验室自行采购或（和）制备,则实验室应依据客户提供的技术要求并征得客户同意后进行采购或（和）制备,并在合同中注明经客户同意后由实验室自行采购或（和）制备,实验室不承担因样品差异性导致的检测结果偏差造成的后果。

实验室自行采购的样品纯度应不低于客户实际化工生产过程中的工业产品纯度。自行制备样品前,应根据客户提供的技术要求制定制备样品的详细方案,经客户同意后方可制备。

3. 评审建议

(1) 核查合同或检测委托书中是否明确由实验室自行采购或(和)制备样品须经客户同意。

(2) 核查实验室自行采购或(和)制备样品的符合性验证记录。

七、过程要求

(一) 要求、标书和合同评审

1.《化工产品热安全检测领域实验室认可技术指南》条款

> **7.1 要求、标书和合同评审**
>
> **7.1.1** 实验室制定的要求、标书和合同评审的文件需要包括但不限于:
>
> a) 要求、标书或合同的内容要求,例如,对合成化工产品的原料、中间产品、产品、副产物和废弃物等相关物料的规格和数量、贮存环境和保质期、合成化工产品的化学反应的工艺参数条件等予以充分规定;为确保实验室全面掌握检测样品的相关危险性,以避免检测过程中因未知的危险性对检测人员造成不必要的人身伤害,实验室要告知客户在委托检测时应尽可能提供所有未知危险性待检测样品的"化学品安全技术说明书(SDS)"。
>
> b) 准确告知客户获得 CNAS 认可的检测能力,以避免客户产生误解。例如告知客户"物质分解热评估""失控反应严重度评估""失控反应发生可能性评估""失控反应安全风险矩阵评估"和"反应工艺危险度等级评估"等评估不属于获 CNAS 认可的检测能力。
>
> **7.1.5** 合同实施过程中,如出现与约定的检测条件/工艺参数的任何偏离都要通知客户。
>
> **7.1.6** 涉及化学反应工艺参数条件的变更,需要通知到相关检测人员。

2. 理解要点

条款 7.1 对化工产品热安全检测领域实验室制定的要求、标书和合同评审文件中需要体现的关键信息和合同实施过程中发生任何偏离和变更需要通知到的相关人员做了具体规定。

条款 7.1.1a)的要点如下:

化工产品热安全检测领域实验室检测对象一般为化工产品生产过程中的原料、中间产品、产品、副产物和废弃物等,因合成化学反应的工艺条件不同或样品本身具备的易燃易爆、有毒有害或热不稳定等危险特性,对储存条件、保质期可能会有特殊要求,实验室应在接收样品前与客户进行充分沟通,确认检测所需样品的规格、数量、贮存环境、保质期、合成化工产品的化学反应的工艺参数条件等,并在合同中予以充分规定。此外,实验室在接收样品前应充分识别样品的危险性,以避免检测过程中因未知的危险性对检测人员造成不必要的人身伤害,最好能由客户提供待检测样品的化学品安全技术说明书(SDS)。如果客户不能提供样品的SDS,实验室应尽可能通过相关方法或渠道获取待测样品的相关危险性。

条款 7.1.1b)的要点如下:

CNAS目前只认可化工产品热安全检测领域实验室的化学物质热稳定性和化学反应热安全性检测能力,合同中应明确CNAS认可的检测能力范围,但只限于热稳定、反应热、反应体系比热容、最大热累积度等参数的检测,不涉及"严重度评价""可能性评价"和"工艺热危险度分级评价"等评估过程,以免产生误导。

条款 7.1.5 的要点如下:

合同实施过程中,如果出现与客户约定的检测条件/工艺参数的任何偏离,都可能会导致检测结果与原定检测条件/工艺参数下的检测结果发生偏差。因此,发生的任何偏离应及时通知客户。

条款 7.1.6 的要点如下:

合同实施过程中,由客户提出的,或因实验室无法满足客户提出的检测条件/工艺参数而与客户沟通协商后作出的检测条件/工艺参数的变更,应及时通知到相关检测人员。

3. 评审建议

(1)核查要求、标书和合同评审程序是否对检测样品的规格和数量、贮存环境、保质期、合成化工产品的化学反应的工艺参数条件和危险性识别等关键信息予以规定。

(2)核查要求、标书和合同评审记录是否明确实验室或认可检测能力范围不包含评估能力。

(3)核查要求、标书和合同评审的偏离与变更记录包括:

① 物料信息,例如工艺涉及的物料,包括原料、催化剂、中间产品、产品、副产物、废弃物,以及蒸馏、分馏等分离过程涉及的各相关物料。

② 工艺信息,例如反应量热检测涉及的工艺信息,包括反应温度、反应压力、物料配比、加料速度、加料时间、保温时间、升温速率、注意事项等。

③ 分析方法,例如工艺过程涉及对原料、中间体和产品进行定性或定量分析的方法,包括物料处理方法、必要的基准物、分析设备、测试条件等。

④ 工艺装置,包括但不限于反应量热检测涉及工艺装置的反应压力、反应釜体积、设计参数、投料系数等。

(二)方法的选择、验证和确认

1.《化工产品热安全检测领域实验室认可技术指南》条款

7.2 方法的选择、验证和确认

7.2.1 方法的选择和验证

7.2.1.1 实验室要选用适当的方法和程序开展所有实验室活动。

示例:绝热量热测试尽可能不选择在测试过程中不能熔化的固体样品进行检测,原因为此类样品加入量热罐中无法保证温度传感器在测试过程中能与被测样品接触,影响测试结果的准确性。

7.2.1.3 当存在以下情况时,实验室要制定包含所有关键技术内容的作业指导书(可参考本指南的附录 A《化工产品热安全检测领域实验室检测关键技术点》):

a) 当检测方法对制定作业指导书有要求时;

b) 方法中对影响检测结果的环节未能详述时(例如 GB/T 22232 第 7.2.1.4、7.3、10.1、10.2 和 11.2 条款,SN/T 3078.1 第 4.1、8.2.1 和 9.1 条款);

c) 使用其他国家、地区或组织制定的非中文版方法,且检测人员不能读懂其内容时(例如 ASTM E537 和 ASTM E1981)。

7.2.1.5 实验室可参照 GB/T 27417—2017《合格评定 化学分析方法确认和验证指南》进行方法验证。

7.2.2 方法确认

7.2.2.1 对于没有规定详细检测过程的团体标准,按非标方法进行确认,例如 T/CIESC 0001 第 6 部分。实验室进行方法确认时需关注:

a) 使用系统性能验证的标准物质(醋酸酐水解反应或水的比热容测试)进行测试结果的准确性核查;

b) 对影响结果的因素进行系统性评审,影响结果的因素如:反应器的选择(正确使用常压玻璃钢釜、中压玻璃钢釜和高压金属釜,防止反应失控超过反应釜耐压极限)、温度传感器和压力传感器的校准、导热油循环系统的功能正常、导热油油位位置、搅拌速率的安全范围、环境条件的影响(例如电压波动、阳光直射、空气相对湿度大于 80%、附近存在强电场或强磁场)、气液两相反应涉及易燃易爆和有毒有害类气体的泄漏监测及安全控制等;

e) 实验室间比对;

f) 根据对方法原理的理解以及检测方法的实践经验,评定结果的测量不确定度。

2. 理解要点

条款 7.2 对化工产品热安全检测领域实验室的标准方法选择、验证和非标方法的确认提出了具体要求。

条款 7.2.1.1 的要点如下:

GB/T 22232—2008 第 1 条款"范围"中规定:本测试方法可对固体、液体或泥浆样品进行测定,可在绝对压力范围 100 Pa～7 MPa、温度范围 300～800 K(27～527 ℃)的惰性或活性气体中进行。

对于检测样品的适用范围,不是所有形态的样品都能进行差示扫描量热测试,例如被测量的试样若在升温过程中能产生大量气体,或能引起爆炸的都不宜使用该仪器;样品的形态,例如粉状、颗粒状、片状、块状等的颗粒度也可能会对测试结果产生影响,且颗粒越大,热阻越大,会使样品的熔融温度和熔融焓偏低,测试前应按照 GB/T 22232—2008 第 8.2 条款的要求通过碾磨降低颗粒度。另外,样品的装填也会对检测结果造成影响,例如固体试样在坩埚中装填的松紧程度,当介质为空气时,如果装样较松散,有充分的氧化气氛,则 DSC 曲线呈放热效应;如果装样较实,处于缺氧状态,则 DSC 曲线呈吸热效应。此外,由于化工产品热安全检测领域检测样品中通常含有溶剂,如果采用普通非密封、耐压的坩埚,则含易挥发溶剂类样品的溶剂在挥发时会带走被测样品,导致未检测到放热,造成测试结果出现偏差,因此建议样品中无论是否含有易挥发溶剂,实验室都尽可能使用密封耐压坩埚进行测试。

SN/T 3078.1—2012 第 5.1 条款规定:本部分要求样品之间以及样品与容器之间具有良好的热传递,因此,受制于下列限制:a) 热传递速率受限的固体样品或体系可能得不到可靠、定量、前后一致的结果;b) 非均相体系的结果可能意义不大。

NY/T 3784—2020 对样品的选择未做规定。根据绝热量热仪量热罐的内部结构和测试原理,该设备适用于测试液体、泥浆状以及在测试温度范围内能够熔化为液体的固体样品,而固体样品必须先处理为粒径较小的粉末状后才能加入测试样品池内,一些黏度较大的固体样品则不容易加入测试样品池内,并且即使能加入测试样品池内,也不能有效地与温度传感器接触,可能会影响检测结果的准确性。

化学反应热安全检测实验室应根据反应量热仪配备的反应釜类型(反应釜类型分为常压、中压、高压)选择可安全操作的反应进行测试,防止反应失控超过反应器耐压极限。建议实验室在进行未知危险性化学反应量热测试之前,先理论计算反应生成焓,对待测的化学反应的反应热进行估算,在确保安全的前提下再进行实验测试。

条款 7.2.1.3 的要点如下:

对于检测标准中未详述的检测过程,例如 GB/T 22232—2008 第 7.2.1.4、7.3、10.1、10.2 和 11.2 条,SN/T 3078.1—2012 第 4.1、8.2.1 和 9.1 条,T/CIESC 0001—2020 第 6 部分"试验方法"中反应热、反应体系比热容、最大热累积度 3 个参数的试验测试环节等,建议实验室编制详细作业指导书并进行验证/确认。如果采用 SN/T 3078.1—2012,建议参照 NY/T 3784—2020 对仪器设备及设施、环境条件要求、安全控制措施、测试步骤、精密度及允许差等,结合实验室检测领域实际情况编制详细作业指导书;如采用 T/CIESC 0001—2020,建议对适用范围、仪器设备及设施、环境条件要求、安全控制措施、校准及系统性能验证、测试步骤、精密度及允许差、报告内容等,结合实验室配备的反应量热仪型号规格、检测领域实际情况编制详细作业指导书。

另外,部分实验室还使用其他国家、地区或组织制定的非中文版方法,例如 ASTM E537 和 ASTM E1981。如果有需要,实验室应将其翻译为中文版本,并对翻译的中文版本标准进行验证。

条款 7.2.1.5 的要点如下:

对于化工产品热安全检测领域检测标注方法的验证,实验室可参照 GB/T 27417—2017《合格评定 化学分析方法确认和验证指南》第 6 条款进行。需要注意的是,化工产品热安全检测不同于常规化学分析检测项目,如果检测标准中涉及安全预防、安全措施和检测结果的局限性等内容的条款,实验室在进行方法验证时,除对 GB/T 27417—2017 规定的检测标准中的关键参数进行验证外,还需对安全预防、安全措施和检测结果的局限性等条款内容进行验证。

条款 7.2.2.1 的要点如下:

T/CIESC 0001—2020《化学反应量热试验规程》为化工学会团体标准,其第 6 部分"试验方法"中对反应热、反应体系比热容、最大热累积度 3 个参数的试验测试环节未规定详细检测过程,因此该标准需要按照非标方法进行确认并验证,并将测试过程的详细操作步骤编制成作业指导书,作为方法的补充,提供方法确认报告。关于 T/CIESC 0001—2020 的非标方法确认,参见本书第四章的介绍。

另外,化学物质热稳定性检测绝热量热仪中的温度传感器与样品的接触方式目前有 3 种,分别是:① 温度传感器外接至量热球壁上,不与样品直接接触(图 2-1a);② 温度传感器内插至量热球内,与样品直接接触(图 2-1b);③ 温度传感器内插至嵌入量热球的套管内,与样品不直接接触(图 2-1c)。

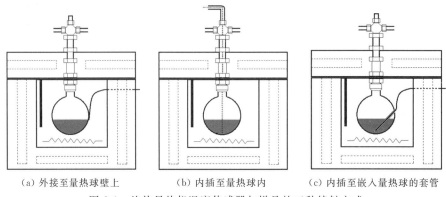

| (a) 外接至量热球壁上 | (b) 内插至量热球内 | (c) 内插至嵌入量热球的套管 |

图 2-1　绝热量热仪温度传感器与样品的三种接触方式

图 2-1(a)和图 2-1(b)中所示温度传感器与样品的接触方式在 SN/T 3078.1—2012 和 NY/T 3784—2020 中有相关描述,而图 2-1(c)中所示方式在 SN/T 3078.1—2012 和 NY/T 3784—2020 中均未涉及。因此,实验室如果采用图 2-1(c)中所示温度传感器与样品接触方式的绝热量热仪,则属于对标准方法的修改,实验室应针对该方法与标准方法规定不一致的修改进行方法确认。方法确认可参照 GB/T 27417—2017《合格评定　化学分析方法确认和验证指南》第 4~5 条款。

3. 评审建议

(1) 核查标准方法验证记录,对差示扫描量热应关注测试温湿度控制、电源稳定控制、坩埚选择规定、是否配备耐高压金属坩埚、天平量程及灵敏度、加热速率的设置规定等关键技术要求;对绝热量热应关注测试温湿度控制、电源稳定控制、试样用量规定、升温间距规定、是否具备按 QJ 20408—2016、ASTM E1269 测试比热容的技术能力等关键技术要求;检测标准中如果涉及安全预防、安全措施和检测结果的局限性等内容的条款,在进行方法验证时,除需对 GB/T 27417—2017 规定的检测标准中的关键参数进行验证外,还需对安全预防、安全措施和检测结果的局限性等条款内容进行验证。

(2) 核查实验室是否针对标准中未详述检测过程的内容编制作业指导书,并核查作业指导书的验证/确认记录。

(3) 针对 T/CIESC 0001—2020 中未详述检测过程编制的作业指导书及图 2-1(c)中所述的对标准方法的修改,以及实验室制定的化学反应热安全性检测方法,均应按照非标方法进行确认,并核查实验室针对上述方法和对标准修改的方法确认记录。关注化学反应热安全性检测采用乙酸酐水解作为标准反应验证测试结果的准确性,测量结果的可信度应采用实验室间比对结果。

（三）抽 样

1.《化工产品热安全检测领域实验室认可技术指南》条款

7.3 抽样

7.3.1 进行化工产品热安全检测时,如果需要将样品分开用于检测不同的特性,要有抽取检测样品的计划和方法,并得到客户确认。

7.3.2 抽样方法要描述抽样的部位,例如从容器中抽取液固混合样品时,有可能上中下样品不均匀,抽样方法中要明确规定抽样部位;从低温反应容器中抽取样品时,样品受环境温度、湿度影响可能会发生变化,抽样方法中要明确抽取后样品的保存环境。

2. 理解要点

条款7.3对化工产品热安全检测领域实验室将样品分开用于检测不同特性的分样过程和到化工产品生产装置现场进行抽样要求进行了具体规定。

条款 7.3.1 的要点如下:

化工产品热安全检测领域实验室检测样品一般为混合物,且部分样品可能为非均相混合物,如果需要将样品分开用于不同检测参数的测试,则此类非均相混合物的抽取计划和方法应与客户进行充分沟通,经客户同意后方可进行抽取检测。

条款 7.3.2 的要点如下:

如果需要到化工产品生产装置现场进行抽样,则抽取计划和方法也应与客户进行充分沟通,经客户同意后方可进行。如果抽取的样品受环境温度、湿度的影响可能会发生变化,则抽样计划和方法中要明确抽取时的温湿度环境和抽取样品后的保存环境要求。

3. 评审建议

核查实验室将样品分开用于不同检测参数测试和到化工产品生产装置现场进行抽样的计划和方法。

（四）检测或校准物料的处置

1.《化工产品热安全检测领域实验室认可技术指南》条款

7.4 检测或校准物品的处置

7.4.1 接收样品时,实验室要与客户约定样品的保存要求及保存期。

2. 理解要点

化工产品热安全检测领域实验室测试样品经常涉及热不稳定的化学物质,实验室在接收样品时,客户应尽可能提供待检测样品的化学品安全技术说明书(SDS),对于不能提供SDS的样品,实验室应与客户确定样品的保存要求和保存期,以确保实验室的检测结果能正确表征样品的热安全性。

实验室应建立针对化工产品热安全检测领域涉及样品的处置程序。化工产品热安全检测涉及的危险化学品多,尤其是涉及精细化工反应安全风险评估中的危险化学品样品,不能按照一般化学品进行处置。实验室应对这些危险化学样品的运输、接收、处置、保护、储存/保留、清理或返还要求在程序文件中进行明确规定,避免检测样品变质、污染、丢失或损坏;在检测前初步识别检测样品的危险性,防止检测过程中发生安全事故,还应根据检测样品的危险性选择合适的样品检测容器、试验设置、安全防护及检测后样品的安全处置等。另外,对部分实验室试验测试结束后,检测样品需要返还给工艺开发相关人员,不涉及样品的储存的情况,也应在程序中予以明确。

3. 评审建议

核查实验室的样品接收是否关注样品的保存要求和保存期;核查实验室的样品处置程序是否与实验室的实际运行一致;核查是否采取有效措施防止检测样品发生变质、污染、丢失或损坏;核查是否在检测前初步识别检测样品的危险性,防止检测过程中发生安全事故;核查是否根据检测样品的危险性选择合适的样品检测容器、试验设置、安全防护及检测后样品的安全处置等。

(五)技术记录

1.《化工产品热安全检测领域实验室认可技术指南》条款

> **7.5 技术记录**
> **7.5.1** 实验室活动的技术记录要包括化学反应工艺参数条件等足够的信息。

2. 理解要点

条款 7.5.1 的要点如下:

化工产品热安全检测领域的化学反应热安全性检测不同于对单个化合物的热稳定性检测,因为化学反应热安全性的检测对象为"化学反应过程",反应过程中常伴有各种化学现象发生,例如发光、发热、变色、生成沉淀物等,检测过程中化学反应工艺参数的变化可能会引发不同的化学反应现象。因此,化学反应热安全性检测的技术记录中应包括化学反应工艺参数条件等足够的信息,例如化学反应的物料名称、颜色状态、浓度、质量和化学反应流程、反应条件、反应过程中观察到的现象等过程信息。

3. 评审建议

核查化学反应热安全性检测技术记录是否包含化学反应工艺参数条件和检测过程中观察到的信息。

(六)测量不确定度的评定

1.《化工产品热安全检测领域实验室认可技术指南》条款

> **7.6 测量不确定度的评定**
> **7.6.1** 实验室要建立相应数学模型,以评定测量不确定度。本指南附录 C 给出了差示扫描量热法测试化学物质热稳定性的起始放热温度、反应热参数的测量不确定度评定报告示例。

2. 理解要点

条款 7.6.1 的要点如下：

差示扫描量热法的检测参数外推起始温度(T_s)和反应热(ΔH)由仪器数据分析处理软件根据操作人员选定的温度范围和峰面积自动计算获取,测试过程中由操作人员引入的不确定度影响因素较少;而起始温度(T_0)由操作人员根据测试得到的热流-温度曲线,由经验判断手动选择获取,由操作人员引入的不确定度影响较大。差示扫描量热法建议对外推起始温度(T_s)和反应热(ΔH)进行测量不确定度评定,评定方法参见《化工产品热安全检测领域实验室认可技术指南》附录 C。

绝热量热法检测参数起始温度(T_0)由仪器直接测试得到,而绝热温升(ΔT_{ad})、反应热(ΔH)和绝热条件下最大反应速率到达时间(TMR)均涉及热惯性因子(Φ)校正。由于 Φ 值的计算涉及样品、量热球的质量和比热容,计算过程引入的不确定度影响因素较多。因此,绝热量热法建议对起始温度(T_0)进行测量不确定度评定。

化学反应热安全性检测参数反应体系比热容(c_p)试验操作过程相对简单,引入的不确定影响因素较少;反应热(ΔH)和最大热累积度(X_{ac})涉及反应过程,试验操作过程复杂,引入不确定影响因素较多。因此,化学反应量热法建议对反应体系比热容(c_p)进行测量不确定度评定。

3. 评审建议

核查差示扫描量热法检测参数外推起始温度(T_s)和反应热(ΔH)、绝热量热法检测参数起始温度(T_0)、化学反应量热检测参数反应体系比热容(c_p)的测量不确定度评定记录。

（七）确保结果的有效性

1.《化工产品热安全检测领域实验室认可技术指南》条款

7.7 确保结果有效性

7.7.1 对结果有效性的监控,可以考虑但不限于以下方式:

a) 定期采用有证标准物质和用作系统性能验证的标准物质核查结果的准确性。

示例1:差示扫描量热仪常用有证标准物质:镓(Ga)、铟(In)、锡(Sn)、铅(Pb)、锌(Zn)、硝酸钾(KNO_3)、二氧化硅(SiO_2)。

示例2:加速绝热量热仪用作系统性能验证的标准物质:20%(质量分数)过氧化二叔丁基的甲苯溶液、12%(质量分数)偶氮二异丁腈的二氯甲烷溶液。

示例3:反应量热仪用作系统性能验证的醋酸酐水解反应试剂:醋酸酐(纯度≥98.5%)、浓硫酸(纯度≥98.0%)、去离子水。

f) 使用相同方法或不同方法重复检测。

j) 人员比对/设备比对。

示例:采用两台同型号或同精度的差示扫描量热仪检测同一样品的起始放热温度。

7.7.2 当实验室选择与其他实验室的结果比对监控能力水平时,一般要选择 3 家以上、水平相当且通过 CNAS 认可(选择比对的主要参数获得认可)的实验室,并约定比对的作业指导书和结果的判定规则,比对参数要选择主要参数,如反应热、反应体系比热容、最大热累积度等。

---

2. 理解要点

条款7.7对化工产品热安全检测领域实验室的确保结果有效性的监控方式、实验室间比对提出了具体要求。

条款7.7.1的要点如下：

条款7.7.1给出了化工产品热安全检测领域涉及检测方法的结果有效性监控方法和示例,供实验室参考。除7.7.1 a)、j)、f)所述方法外,实验室也可选择报名参加CNAS网站"中国能力验证资源平台"中的化工产品热安全检测领域能力验证计划作为外部结果有效性监控方式。

条款7.7.2的要点如下：

条款7.7.2所述当实验室选择与其他实验室的结果比对监控能力水平时,一般要选择3家以上、水平相当且通过CNAS认可(选择比对的主要参数获得认可)的实验室进行实验室间比对。实验室可通过CNAS官网首页"查询专区"中的"获认可的检测和校准机构"查询获认可实验室进行实验室间的比对,约定比对的作业指导书和结果的判定规则,其中化学反应热安全性实验室间比对要选择主要参数,如反应热、反应体系比热容、最大热累积度等。

3. 评审建议

(1)核查结果有效性监控计划和监控实施记录。

(2)核查实验室参加能力验证计划的记录。

(3)核查实验室间比对记录,建议差示扫描量热法和绝热量热法检测参数为可选比对参数,化学反应量热法为必选比对参数。

(八) 报告结果

1.《化工产品热安全检测领域实验室认可技术指南》条款

7.8 报告结果

7.8.1.2 实验室出具的检测报告中需包含合成化工产品的原料、中间产品、产品、副产物和废弃物等相关物料的规格,合成化工产品的化学反应的工艺参数条件等实验过程信息。

7.8.2.1m) 实验室出具的检测报告只能包含通过测试得到的热安全参数,如起始放热温度、反应热、反应体系比热容、最大热累积度等,报告内容不能包括可能误导客户的表述,例如未检测仅通过经验数据计算而获取的其他热安全性参数;也不包括评估结论,例如物质分解热评估、失控反应严重度评估、失控反应发生可能性评估、失控反应安全风险矩阵评估和反应工艺危险度等级评估等。

7.8.2.2 如果检测采用客户提供的相关物料和化学反应工艺参数条件,或依据客户提供的技术要求并征得客户同意后进行采购或(和)制备的相关物料和化学反应工艺参数条件,需要在检测报告中予以声明。

---

2. 理解要点

条款7.8对化工产品热安全检测领域实验室出具的检测报告内容提出了具体要求。

条款 7.8.1.2 的要点如下：

检测报告中应包含合成化工产品的原料、中间产品、产品、副产物和废弃物等相关物料的规格、合成化工产品的化学反应的工艺参数条件等实验过程信息。

7.8.2.1m) 的要点如下：

检测报告只能出具检测数据，不能出具评估结论。

条款 7.8.2.2 的要点如下：

客户提供的物料、工艺信息尽可能体现在检测报告中，并应明确所报告的检测数据获得的条件。

3. 评审建议

核查检测报告是否包含合成化工产品的原料、中间产品、产品、副产物和废弃物等相关物料的规格，合成化工产品的化学反应的工艺参数条件等实验过程信息，以及是否只出具检测数据，客户提供的物料、工艺信息是否体现在检测报告中。

第三章　化工产品热安全检测领域适用的认可规范文件

CNAS 发布的认可规范文件是化工产品热安全检测领域实验室建立规范的管理体系的重要参照标准,也是 CNAS 对申请认可的实验室进行评审的重要依据。本章梳理了化工产品热安全检测领域实验室申请 CNAS 实验室认可涉及的所有认可规范及相关文件,实验室不仅需要在申请认可时对这些认可规范进行全面学习,在实验室的日常管理工作中也需要做好对相关人员熟悉、理解和掌握认可规范文件相关规定和要求的培训。需要注意的是,认可规则、准则、应用说明是认可评审时的"依据"文件,满足其要求是认可的前提。认可指南、技术报告属于"指导性"文件,是对"依据"文件的解释,起到指导和帮助理解的作用,其内容不作为认可评审的依据。

一、认可规则

(一)通用认可规则

1. CNAS-R01《认可标识使用和认可状态声明规则》

《认可标识使用和认可状态声明规则》是 CNAS 为保证认可标识、国际互认联合认可标识与认可证书的正确使用,防止误用或滥用标识和认可证书,以及错误声明认可状态,维护 CNAS 的信誉而制定的规则文件。

《认可标识使用和认可状态声明规则》为强制性要求,内容包括 CNAS 徽标和国际互认标志式样,合格评定机构使用 CNAS 认可标识和声明认可状态的要求,国际互认联合认可标识的使用要求,认可证书使用要求,对于误用或滥用 CNAS 认可标识、认可证书以及误导宣传认可状态的处理等,适用于 CNAS 对获准认可的合格评定机构使用 CNAS 认可标识、国际互认联合认可标识、认可证书及声明认可状态的要求。

2. CNAS-R02《公正性和保密性规则》

《公正性和保密性规则》是 CNAS 为确保认可工作的公正性,维护申请人和获准认可的合格评定机构的信息保密权利而制定的规则文件,规定了在认可工作中应遵循的公正性和保密方面的原则和要求,适用于 CNAS 在认可工作中涉及的所有过程及活动。

3. CNAS-R03《申诉、投诉和争议处理规则》

《申诉、投诉和争议处理规则》是 CNAS 为确保申诉、投诉和争议处理工作的公正、有效,维护与认可工作有关各方的正当权益和 CNAS 的信誉,根据有关法律法规和国际标准,规定申诉、投诉和争议的处理方式和程序,适用于处理来自申请认可或已获准认可的机构对

CNAS 的申诉以及任何组织或个人对 CNAS 提出的投诉和争议,也适用于向 CNAS 提出的针对申请认可或已获准认可的机构的投诉。

(二)实验室专用认可规则

1. CNAS-RL01《实验室认可规则》

CNAS 依据国家相关法律法规和国际规范开展认可工作,遵循的原则是客观公正、科学规范、权威信誉、廉洁高效。《实验室认可规则》是 CNAS 实验室认可工作公正性和规范性的重要保障,依据 CNAS《中国合格评定国家认可委员会章程》制定,是 CNAS 和检测实验室、校准实验室、司法鉴定/法庭科学机构、医学实验室等认可活动相关方应遵循的程序规则。

《实验室认可规则》为强制性要求,规定了 CNAS 实验室体系运作的程序和要求,包括认可条件、认可流程、申请受理要求、评审要求、对多检测/校准/鉴定场所实验室认可的特殊要求、变更要求、暂停、恢复、撤销、注销认可以及 CNAS 和实验室的权利和义务。

2. CNAS-RL02《能力验证规则》

CNAS 将能力验证与现场评审作为 CNAS 对合格评定机构能力进行评价的两种主要方式。《能力验证规则》是为了确保 CNAS 认可的有效性,保证 CNAS 认可质量,促进合格评定机构的能力建设而制定的。

《能力验证规则》为强制性要求,规定了 CNAS 能力验证的政策和要求,内容主要包括对合格评定机构制定参加能力验证工作计划、参加能力验证的最低要求、不满意结果的处理、选择能力验证活动等要求和对 CNAS 的要求。该规则适用于申请 CNAS 认可或已获准 CNAS 认可的合格评定机构,包括检测和校准实验室(含医学领域实验室)、标准物质/标准样品生产者以及检验机构(相关时)。

3. CNAS-RL03《实验室和检验机构认可收费管理规则》

《实验室和检验机构认可收费管理规则》依据 CNAS 全体委员会决议制定,目的是加强 CNAS 对实验室及相关机构和检验机构认可工作的收费管理,规范认可收费行为,保护认可双方的利益。它的内容主要包括收费原则与用途、收费项目与标准、收费要求等。该规则适用于检测实验室、校准实验室、病原微生物实验室(防护水平三级、四级除外)、检验机构、标准物质/标准样品生产者和能力验证提供者等相关机构的认可收费。

二、认可准则

(一)基本认可准则

CNAS-CL01《检测和校准实验室能力认可准则》为检测和校准实验室的基本认可准则,等同采用 ISO/IEC 17025《检测和校准实验室能力的通用要求》。CNAS 使用 CNAS-CL01 作为对检测和校准实验室能力进行认可的基础。为支持特定领域的认可活动,CNAS 还根据不同领域的专业特点,制定了一系列的特定领域应用说明,对 CNAS-CL01 的要求进行必要的补充说明和解释,但并不增加或减少 CNAS-CL01 的要求。申请 CNAS 认可的实验室应同时满足 CNAS-CL01 以及相应领域的应用说明。

《检测和校准实验室能力认可准则》规定了实验室能力、公正性以及一致运作的通用要求,适用于所有从事实验室活动的组织,不论其人员数量多少。实验室的客户、法定管理机构、使用同行评审的组织和方案、认可机构及其他机构均可采用 CNAS-CL01 确认或承认实验室能力。

(二)准则要求

1. CNAS-CL01-G001《CNAS-CL01〈检测和校准实验室能力认可准则〉应用要求》

《CNAS-CL01〈检测和校准实验室能力认可准则〉应用要求》旨在明确 CNAS-CL01《检测和校准实验室能力认可准则》相关条款的具体实施要求,是实验室认可的强制性要求文件,与 CNAS-CL01 同步应用。

文件中的条款号与 CNAS-CL01 相对应,当对特定条款的要求与专业领域的应用说明不一致时,以专业领域应用说明的要求为准。

2. CNAS-CL01-G002《测量结果的计量溯源性要求》

计量溯源性是国际间相互承认测量结果的前提条件。CNAS 将计量溯源性视为测量结果有效性的基础,并确保获认可的测量活动的计量溯源性满足国际规范的要求。

《测量结果的计量溯源性要求》规定的计量溯源性要求符合国际计量局(BIPM)、国际法制计量组织(OIML)、国际实验室认可合作组织(ILAC)和国际标准化组织(ISO)于 2018 年共同发布的《BIPM,OIML,ILAC,ISO 关于计量溯源性的联合声明》,以及 ILAC-P10:2013《ILAC 关于测量结果溯源性政策》。《测量结果的计量溯源性要求》规定了 CNAS 在对检测实验室(含医学实验室)、校准实验室、检验机构、标准物质/标准样品生产者、生物样本库和能力验证提供者等机构(以下统称合格评定机构)实施认可活动时涉及的测量结果的计量溯源性要求,适用于检测(含医学检验)、校准活动,也适用于检验、标准物质/标准样品生产、生物样本库和能力验证等涉及测量活动的合格评定活动。

3. CNAS-CL01-G003《测量不确定度的要求》

为满足合格评定机构、消费者和其他各相关方的期望和需求,CNAS 充分考虑目前国际上与合格评定相关的各方对测量不确定度的关注,以及测量不确定度对测量结果的可信性、可比性和可接受性的影响,特别是这种影响和关注可能会造成消费者、工业界、政府和市场对合格评定活动提出更高的要求,制定了 CNAS-CL01-G003《测量不确定度的要求》,以确保相关认可活动遵循国际规范相关要求,并与国际实验室认可合作组织(ILAC)等相关国际组织的要求保持一致。

《测量不确定度的要求》适用于检测实验室、校准实验室(含医学参考测量实验室)、能力验证提供者(PTP)和标准物质/标准样品生产者(RMP)等的认可。

(三)应用说明

化工产品热安全检测领域实验室的专业领域为"化学",因此该领域申请 CNAS 认可的实验室应同时满足 CNAS-CL01 和 CNAS-CL01-A002《检测和校准实验室能力认可准则在化学检测领域的应用说明》的要求。

CNAS-CL01-A002 是 CNAS 根据化学检测的特性而对 CNAS-CL01《检测和校准实验室能力认可准则》所做的进一步说明，并不增加或减少该准则的要求，与 CNAS-CL01 同时使用。在结构编排上，章、节的条款号和条款名称基本采用 CNAS-CL01 中章、节的条款号和条款名称（为避免编号混淆而增加的除外），并且对 CNAS-CL01 应用说明的具体内容在对应条款后给出。

三、认可指南

1. CNAS-GL001《实验室认可指南》

《实验室认可指南》介绍和解释了 CNAS 有关实验室认可工作的基本程序和要求，是 CNAS 对检测实验室、校准实验室、医学实验室、司法鉴定/法庭科学机构等开展认可活动的程序和要求的解释，供 CNAS 工作人员、申请或已获 CNAS 认可的所有实验室在从事或参与相关认可活动时参考，也可供对实验室认可工作感兴趣的人员参阅。

2. CNAS-GL006《化学分析中不确定度的评估指南》

《化学分析中不确定度的评估指南》为化学领域检测实验室进行不确定度评估提供指导，其内容等同采用 EURACHEM 与 CITAC 联合发布的指南文件《分析测量中不确定度的量化》（*Quantifying Uncertainty in Analytical Measurement*），是 CNAS 实验室的指南性文件，只对化学检测实验室在实施认可准则时提供指引，并不增加对 CNAS-CL01《检测和校准实验室能力认可准则》的要求。

3. CNAS-GL008《实验室认可评审不符合项分级指南》

《实验室认可评审不符合项分级指南》依据 ILAC G3《认可机构评审员培训课程指南》附录 A"不符合项分级指南"，以及参考国际同行的做法制定，可为认可评审提供指导，也可供实验室参考，便于了解不同类型不符合项对认可决定的影响，从而加强自身质量和技术的管理工作。《实验室认可评审不符合项分级指南》规定了不符合项分级的原则，可为评审组及 CNAS 秘书处评审主管及其他相关人员评估和管理认可评审结果提供指导，提高评审结论的一致性和规范性，适用于实验室认可评审活动，也可用于实验室对内审发现的不符合项的控制工作。

4. CNAS-GL011《实验室和检验机构内部审核指南》

《实验室和检验机构内部审核指南》是 CNAS 的通用性指南文件，根据 APLAC TC002 制定，用于指导实验室和检验机构建立和实施内部审核方案，可供申请认可和已获认可的实验室或检验机构实施内部审核时参考，也可供对实验室和检验机构认可工作感兴趣的人员参阅。应用本指南的前提是实验室或检验机构已实施了符合 ISO/IEC 17025 或 ISO/IEC 17020 要求的管理体系。

5. CNAS-GL012《实验室和检验机构管理评审指南》

《实验室和检验机构管理评审指南》是 CNAS 的通用性指南文件，根据 APLAC TC003 制定，用于指导实验室和检验机构建立和实施管理评审方案，可供申请认可和已获认可的实验室或检验机构实施管理评审时参考，也可供对实验室和检验机构认可工作感兴趣的人员参阅。应用本指南的前提是实验室或检验机构已经实施了符合 ISO/IEC 17025 或 ISO/IEC 17020 要求的管理体系。

6. CNAS-GL015《判定规则和符合性声明指南》

《判定规则和符合性声明指南》依据国际实验室认可合作组织（ILAC）文件 ILAC-G8：09/2019《判定规则和符合性声明指南》制定，内容包括如何选择合适的判定规则和如何在制定判定规则时考虑测量不确定度，旨在为实验室声明检测或校准结果及与规范符合性的方法提供指导。

7. CNAS-GL016《石油石化领域理化检测测量不确定度评估指南及实例》

《石油石化领域理化检测测量不确定度评估指南及实例》适用于石油石化领域检测实验室检测中测量结果不确定度的评估，描述了石油石化领域检验中测量结果不确定度评估的术语和定义、不确定度产生的主要来源、不确定度评估的基本程序、合成不确定度和扩展不确定度的报告与表示，为石油石化领域理化检测实验室提供测量不确定度的评估指南和实例。

8. CNAS-GL032《能力验证的选择核查与利用指南》

能力验证是利用实验室间比对，按照预先制定的准则评价参加者的能力。参加能力验证是实验室质量保证的重要手段，有助于实验室评价和证明其测量数据可靠性，发现自身存在的问题，改进实验室的技术能力和管理水平。能力验证的结果可作为实验室技术能力的有效证明，为管理部门、认可机构、客户和其他利益相关方选择、评价、认可有能力的实验室提供依据。

实验室作为参加能力验证的主体，需基于自身需求和外部对能力验证的要求，在综合考虑内部质控水平、人员能力、设备状况、风险、运行成本等因素的基础上，合理策划并积极寻求适当的能力验证计划。

实验室可获得的能力验证除认可的能力验证提供者（PTP）组织的能力验证计划外，还有大量未获认可的 PTP 包括行业组织运作的能力验证计划。对于认可的 PTP 在其认可范围内开展的能力验证计划，实验室可根据需求选择参加并直接利用能力验证结果。对于其他的能力验证计划，实验室可参照本指南和其他相关标准、指南等文件对其进行核查，以确认其是否满足要求。

《能力验证的选择核查与利用指南》可为能力验证参加者和其他利益相关方（如认可机构、监管机构或实验室的客户）选择、核查和利用能力验证提供指南，也可为实验室开展质量控制提供指导。

9. CNAS-GL035《检测和校准实验室标准物质/标准样品验收和期间核查指南》

在实验室活动中，标准物质/标准样品主要用于仪器设备校准、测量过程的质量控制和质量评价，以及为材料赋值、方法确认等，从而保证测量结果的可比性和一致性，实现测量量值的统一和有效传递。

CNAS-CL01《检测和校准实验室能力认可准则》第 6.4.1、6.4.10、6.6.1、6.6.2、7.7.1 条款，以及 CNAS-CL01-A002《检测和校准实验室能力认可准则在化学检测领域的应用说明》第 6.6.2 c)、6.4.10.3、6.4.1.2 条款中都有对标准物质/标准样品进行验收或期间核查的要求。

《检测和校准实验室标准物质/标准样品验收和期间核查指南》由 CNAS 制定，用于指导检测和校准实验室对标准物质/标准样品的验收和期间核查，旨在指导检测和校准实验室根据 CNAS-CL01 和 CNAS-CL01-A002 的相关要求进行标准物质/标准样品的验收和期间核查,保证实验室所用标准物质/标准样品处于合格有效的状态及维持检测结果的可靠性。

10. CNAS-GL040《仪器验证实施指南》

检测实验室仪器设备性能稳定可靠是分析数据可靠性的基础保证,是数据质量的重要组成部分。对实验室内的仪器实施验证是确保仪器性能的重要手段。国际标准 ISO/IEC 17025《检测和校准实验室能力的通用要求》对仪器设备在采购、安装、验收、使用前的校准和核查、期间核查等方面都有明确要求。而仪器设备验证是实验室在仪器生命周期内对仪器实施的全过程管理。通过实施仪器设备验证可以确保仪器设备的管理持续满足 ISO/IEC 17025 的要求,证明仪器设备稳定可靠,持续符合预定用途。

《仪器验证实施指南》依据 ISO/IEC 17025 和 USP 1058《分析仪器验证指导原则》编制,同时参考了我国的《药品生产质量管理规范(2010 年修订)》等有关文件,满足 ISO/IEC 17025 标准对仪器设备的要求,为仪器验证各阶段的具体实施提供了指南,同时注重仪器设备对预期用途的适用性,可用于常规检测实验室对各类仪器设备的管理,是针对仪器设备的更全面、更具体的管理指导性文件,可为实验室规范仪器设备管理提供指导。

11. CNAS-GL042《测量设备期间核查的方法指南》

《测量设备期间核查的方法指南》根据 CNAS-CL01《检测和校准实验室能力的通用要求》对设备期间核查的要求制定,适用于机构为保持对设备性能信心所实施的期间核查,可为检测和校准实验室、检验机构、标准物质生产者、能力验证提供者、医学实验室等机构实施期间核查活动提供参考,也可为评审员加深对设备期间核查要求的理解、统一评审尺度、提高评审质量提供参考。

12. CNAS-GL051《化工产品热安全检测领域实验室认可技术指南》

《化工产品热安全检测领域实验室认可技术指南》由 CNAS 制定,根据实验室开展化工产品热安全检测活动的技术特点,对照 CNAS-CL01《检测和校准实验室能力认可准则》和 CNAS-CL01-A002《检测和校准实验室能力认可准则在化学检测领域的应用说明》的条款,从结构要求、资源要求和过程要求等方面提出并明确了多项认可关键技术建议,规范了检测对象、检测能力表述范围及要求,给出了检测能力填写范例,可为该领域实验室申请认可和评审员实施评审提供重要的技术支撑,同时也可填补我国在化工产品热分析、热稳定性参数测试和化学反应热安全性参数测试等领域认可指南文件的空白。

《化工产品热安全检测领域实验室认可技术指南》适用于指导已获 CNAS 实验室认可、计划申请 CNAS 实验室认可以及希望提高和完善管理体系的化工产品热安全检测、化学品/货物危险性检测、医药和农药热安全检测等领域的科研机构和检测实验室建立管理体系,同时也可作为上述领域安全风险评估机构和热安全检测实验室管理人员和评审人员的参考资料。

四、认可说明

1. CNAS-EL-03《检测和校准实验室认可能力范围表述说明》

《检测和校准实验室认可能力范围表述说明》规定了检测和校准实验室认可能力范围表

述的通用要求,旨在规范检测和校准实验室认可能力范围的表述,使其更加科学、准确,同时有助于提高实验室和评审组对相同能力表述的一致性。

2. CNAS-EL-13《检测报告和校准证书相关要求的认可说明》

《检测报告和校准证书相关要求的认可说明》适用于 CNAS 依据 CNAS-CL01《检测和校准实验室能力认可准则》对检测和校准实验室开展的认可活动,明确了 CNAS 对检测报告和校准证书的结果信息、使用、管理、评审等方面的相关要求,是对 CNAS-CL01 相关条款的进一步解释和说明,目的在于统一对标准的理解,确保认可评审和管理的一致性。

3. CNAS-EL-15《检测和校准实验室认可受理要求的说明》

《检测和校准实验室认可受理要求的说明》适用于申请初次认可和扩大认可范围的检测/校准实验室,以及 CNAS 工作人员受理审查申请人提交的申请,用于明确检测和校准实验室的认可受理条件,统一认可评价标准,并对 CNAS-RL01《实验室认可规则》的相关要求给予补充说明。

五、认可信息

1. CNAS-AL06《实验室认可领域分类》

《实验室认可领域分类》由 CNAS 组织编制,从适用对象、代码组成、代码特点、代码的填报、代码的诠释 5 个方面对每个实验室认可领域分类分别进行了说明,用于指导申请认可实验室的检测项目/参数的领域代码填写。

2. CNAS-AL12《合格评定机构英文名称与地址的申报指南》

《合格评定机构英文名称与地址的申报指南》由 CNAS 根据《汉语拼音方案》《汉语拼音正词法基本规则》《中国地名汉语拼音字母拼写规则(汉语地名部分)》《少数民族语地名汉语拼音字母音译转写法》《公共场所双语标识英文译法》及《公共场所译写规范》编制,用于引导和规范相关机构在申请认可时填报正确的英文名称和英文地址,进一步提高认可证书的规范性和准确性,维护认可的严肃性和权威性。

第四章　化工产品热安全检测项目的认可技术要点

一、检测项目技术要点

(一)化学物质热稳定性

1. 差示扫描量热法

(1)该方法采用差示扫描量热仪(DSC)测试化学物质的焓变化温度(起始温度、外推起始温度、峰值温度)和反应焓值,测试范围为压力100 Pa~7 MPa,温度27~527 ℃(如果实验室配备了低温冷却系统,那么现场评审时评审员可根据具体的低温设备性能限定低温条件)的惰性或活性气体,应根据实验室是否配备耐高压坩埚确定压力测量范围是否达到7 MPa,根据实验室是否采用活性气体作为气氛气体确定是否需要限制在活性气体中进行试验。

(2)在选择具备测试条件的样品时,如果被测量的试样在升温过程中能产生大量气体或能引起爆炸,则都不宜使用该仪器;对于固体样品(包括粉状、颗粒状、片状、块状等),其颗粒度对测试结果的影响较大,因为颗粒越大,热阻越大,会使样品的熔融温度和熔融焓偏低,因此测试前应按照GB/T 22232—2008第8.2条款的要求通过碾磨降低颗粒度。

(3)该方法使用的样品量一般为5 mg(如果遇到样品饱和蒸气压很大,5 mg的称量结果偏大的情况,则可根据实际情况适当减少样品的量),对于特性未知的材料,最安全的做法是用不超过1 mL的试样量开始试验;如果放热感应不够大,则可再增加样品量。

(4)试样在坩埚中装填的松紧程度会影响热分解气体产物向周围介质的扩散和试样与气氛的接触。当介质为空气时,如果装样较松散,有充分的氧化气氛,则DSC曲线呈放热效应;如果装样较实,处于缺氧状态,则DSC曲线呈吸热效应。

(5)加热速率不宜过快,一般设置为10~20 ℃/min(加热速率会对吸放热峰的分离产生影响,可根据实际样品进行调整),如果一个吸热反应紧接着一个放热反应,则建议加热速率降低为2~6 ℃/min。

(6)《示差扫描量热仪的检定规程》(JJG 936—2012)未要求校准时间信号,与GB/T 22232—2008第9.4条款的规定不一致。实验室对差示扫描量热仪进行校准前应向校准机构明确需要校准时间信号(仪器已采用电子计时的无须校准)。

2. 差热分析法

(1)该方法采用差热分析仪(DTA)测试化学物质的焓变温度(包括起始放热温度、外推起始放热温度和峰温)和反应熵的值,与差示扫描量热仪测定化学物质的热稳定性采用的测试原理不一致(见 GB/T 13464—2008《物质热稳定性的热分析试验方法》),现场评审时评审员应予以关注。如果实验室未配备差热分析仪(目前大部分申请化工产品热安全检测认可的实验室配备的是差示扫描量热仪,但它不具备差热分析检测能力),则应对申请 GB/T 134646—2008 检测技术能力的范围予以限制,例如只测差示扫描量热法或不测差热分析法。

(2)该方法适用于在一定压力(包括常压)的惰性或反应性气氛中、在−50～1 500 ℃的温度范围内有熔变的固体、液体和浆状物质热稳定性的测试。应根据实验室是否配备耐高压坩埚确定压力测量范围。

(3)该方法规定,取样时,对于液体或浆状样品,应混匀后取样;对于固体样品,应粉碎后用圆锥四分法取样。试样量由被测试样的数量、需要稀释的程度、Y 轴量程、熔变大小以及升温速率等因素决定,宜为 1～5 mg,最大用量不超过 50 mg。如果试样有突然释放大量潜能的可能性,则应适当减少试样量;为防止被测物质的潜在危险性,在取样和测量时应小心谨慎;如果需要用研磨的方法粉碎试样,则应将被测物质视为危险化学品,并按危险化学品安全操作规程进行操作。

(4)升温速率控制在 2～20 ℃/min 的范围内。

(5)GB/T 13464—2008 规定,检测结果的精密度为起始温度的重复标准偏差应不大于 3.4 ℃,外推起始温度的重复标准偏差应不大于 0.52 ℃,反应熵的重复标准偏差应不大于 4.7%。

(6)GB/T 13464—2008 附录 A 中提供了差热分析仪和差示扫描量热仪的温度校准方法,可参考该方法采用校准物质的相转变温度对仪器设备进行温度校准。

3. 热重分析法

(1)该方法采用热重分析仪(TGA)测试化学物质发生相变时的质量变化和质量变化温度,测试温度范围为室温到 800 ℃。与差热分析仪(DTA)一样,差示扫描量热仪不具备热重分析检测能力,如果实验室未配备热重分析仪,则不予认可 SN/T 3078.2—2015 的检测能力。

(2)该方法检测的样品应该是能代表测试材料的样品,包括颗粒大小和纯度。样品在接收后应立即对其进行分析,如果在分析之前需对样品进行某种加工,例如干燥,那么其中导致的质量变化必须在报告中详细记录;样品质量的选择取决于材料的危险度、仪器的灵敏度、加热速率以及样品的均一性。通常样品的质量为 1～10 mg,对于含能材料或者性质不明的样品,最安全的方法是一开始使用质量不超过 1 mg,并且使用低加热速率(1～10 ℃/min);应考虑样品的大小,防止厚的样品因样品内部导热性滞后而发生转折变宽;对于未知危险性的样品,在第一次检测前,应在样品准备和测试之前采取相应的预防措施。

(3)加热速率一般控制在 10～20 ℃/min。当质量发生复杂变化时,建议使用较低的加热速率(如 1～10 ℃/min);对于含能材料,建议使用较低的加热速率(如 1～10 ℃/min);对于爆炸品,建议加热速率不超过 3 ℃/min。

(4)SN/T 3078.2—2015 规定,实验室内部的变化可以使用重复性标准偏差(TG 起始温度重复性标准标准差为 6 ℃,TG 质量变化重复性标准差为 0.6%,DTG 起始温度重复性标准差为 5 ℃)乘以 2.8 所得的重复性值 r 表示,如果实验室内两个检测值间的差异大于重复性限,则结果应视为可疑。实验室间的变化可以使用再现性标准偏差(TG 起始温度再现性标准标准差为 54 ℃,TG 质量变化再现性标准差为 2.3%,DTG 起始温度再现性标准差为 18 ℃)乘以 2.8 所得的再现性值 R 表示,如果两个实验室间结果的差异大于再现性值,则检测结果应视为可疑。

(5)该方法需对质量和温度信号进行校准,可参照 JJG 1135—2017《热重分析仪检定规程》进行检定/校准。

4. 加速量热仪法/绝热量热法

(1)SN/T 3078.1—2012 和 NY/T 3784—2020 的适用范围中均未对测试样品的形态进行规定。根据绝热量热仪量热罐的内部结构和测试原理,该设备适用于测试液体样品、泥浆状样品以及在测试温度范围内能够熔化为液体的固体样品,而且固体样品必须先处理为粒径较小的粉末状后才能加入测试样品池内。对于一些黏度较大的固体样品,则不宜加入测试样品池内;即使加入测试样品池内,因不能有效与温度传感器接触,也会影响测试结果的准确性。

(2)样品量通常为 1～10 g。对于危险特性未知的样品,最安全的做法是先用差示扫描量热仪进行初筛或采用其他初筛设备对 1 g 以下的样品量进行初步筛选,确定危险特性后再采用绝热量热仪按正常程序进行测试(样品量对绝热加速量热检测结果的影响见本书附录七)。

(3)SN/T 3078.1—2012 未对升温间距进行规定,NY/T 3784—2020 第 4.4.2 条款规定升温间距通常为 0～10 ℃,一般选 5 ℃。也可根据实际情况选择合适的升温间距。起始分解温度受升温间距的影响,只有在同一升温间距下取得的结果才具有可比性。

(4)绝热量热仪没有检定/校准规程,其校准方式为拆卸温度、压力传感器进行校准后,采用系统性能验证的标准物质对整机进行核查。

(5)根据是否具备比热容测试能力,确定实验室是否具备 SN/T 3078.1—2012 第 9.1 条和 SY/T 3784—2020 第 4.6.2 条对热惯性因子的检测能力。

(6)SN/T 3078.1—2012 对典型标准物质的测试结果数值未做规定,只提供了测试曲线;NY/T 3784—2020 附录 A 中给出了校准物质起始放热温度的参考值,可采用标准物质对仪器设备进行核查。

(二)化学反应热安全性

(1)T/CIESC 0001—2020《化学反应量热试验规程》为化工学会团体标准,其第 6 部分"试验方法"中对反应热、反应体系比热容、最大热累积度 3 个参数的测试环节未规定详细检测过程,因此该标准方法需要按照非标方法进行确认并验证,并将测试过程的详细操作步骤编制成作业指导书,作为方法的补充,提供方法确认报告。

(2)反应量热仪配置常压(玻璃钢釜,耐压 0～50 mbar)、中压(玻璃钢釜,耐压 6～10 bar)和高压(金属釜,耐压 60～100 bar)三种类型的反应器。在选择可测试化学反应时,应根据实验室配置的反应器类型选择可安全操作的反应器行测试,防止反应失控超过反应器的耐压极限。

（3）实验室在进行未知危险性化学反应量热测试之前，宜先理论计算反应生成焓，对待测化学反应的反应热进行估算，在确保安全的前提下再进行试验测试。

（4）化学反应量热测试如果涉及气液两相反应，则测试过程中应对易燃易爆或有毒有害类气体是否泄漏进行严格监控，并配置可燃气体和有毒气体报警器，防止泄漏造成安全事故。

（5）反应量热仪没有检定/校准规程，其校准方式为拆卸温度、压力传感器进行校准后，采用系统性能验证的标准物质对整机进行核查。用作系统性能验证的标准物质包括水和醋酸酐，其中醋酸酐水解反应涉及的物料为醋酸酐（纯度≥98.5%）、浓硫酸（纯度≥98.0%）、去离子水。

（6）T/CIESC 0002—2020《基于量热及差示扫描量热获取热动力学参数方法的评价标准》和 TCIESC 0003—2020《化工工艺反应热风险特征数据计算方法》不涉及检测方法，不予认可。

二、检测能力表述及设备信息填写范例

（一）检测能力表述

1. 检测对象

根据前文所述，"化工产品"或"精细化工产品"名称范围太大，不建议作为实验室申请认可的检测对象。实验室应参考 GB 51283—2020 条文说明第 2.0.1 条款中的表1《精细化工产品分类》，结合实验室及实验室所在母体公司营业执照中核准的经营范围，选择适合的、实际测试的产品类别作为检测对象申请认可。

检测对象名称应参照营业执照核准的经营范围归入某一领域内。如果客户提供的产品类别具有不确定性，则检测对象无法归入某一领域内，可采用"化工产品/精细化工产品"作为检测对象申请认可，并注明涉及的产品类别，例如化工产品（石油添加剂、油田化学剂、化学试剂、无机化工原料及产品、有机化工原料及产品、催化剂、助剂）、精细化工产品（农药、染料、医药）。检测对象名称表述可参考表 4-1。

表 4-1   部分化工产品领域企业内部实验室"检测对象"名称表述范例

序号	领域	产品类别	检测对象名称
1	农药	杀虫剂、除草剂、杀菌剂、熏蒸剂、杀线虫剂和杀鼠剂等	农药产品及农药原料和中间体
2	染料	直接燃料、硫化燃料、还原燃料、反应燃料、显色燃料、酸性燃料、媒介燃料、分散燃料、碱性燃料和阳离子燃料等	染料产品及原料
3	涂料（油漆）	酚醛树脂漆、醇酸树脂漆、氨基树脂漆、硝基漆、过氯乙烯漆、乙烯树脂漆、丙烯酸树脂漆、聚酯树脂漆、环氧树脂漆、聚氨酯漆等	漆与有关的表面涂料产品及原料
4	油墨	干性油墨、树脂油型油墨、有机溶剂型油墨、乙二醇型油墨等	油墨产品及原料

序　号	领　域	产品类别	检测对象名称
5	颜料	偶氮颜料、有机合成颜料等	颜料产品及原料
6	黏合剂	通用胶黏剂(聚氨酯类、氯丁橡胶类)、结构胶黏剂(环氧树脂类、酚醛树脂类、聚丙烯酸酯类、聚氨酯类)等	黏合剂产品及原料
7	防臭防霉剂	杀菌防霉剂(取代酚类、杂环化合物类、有机金属化合物类等)	杀菌防霉剂产品及原料
8	医　药	化学原料药、医药中间体、制剂、药用辅料、药品等	医药化工产品及医药化工原料

2. 项目/参数

1) 化学物质热稳定性

化学物质热稳定性项目/参数表述方式参见表4-2。

表4-2　化学物质热稳定性项目/参数表述范例

序　号	项目/参数	检测标准/条款号	说　明	备　注
1	化学物质热稳定性/起始放热温度、外推起始放热温度、峰温、反应焓	GB/T 13464—2008	绝对压力范围为100 Pa~7 MPa,温度范围为仪器温度测试范围	配备耐高压金属坩埚
			常压、温度范围(仪器温度测试范围)	未配备耐高压金属坩埚
2	化学物质热稳定性/起始温度、外推起始温度、峰值温度、反应焓	GB/T 22232　2008	绝对压力范围100 Pa~7 MPa,温度范围27~527 ℃、惰性气体中进行的试验	配备耐高压金属坩埚
			常压、温度范围27~527 ℃、惰性气体中进行的试验	未配备耐高压金属坩埚
3	化学物质热稳定性/反应热、绝热温升、始点温度、最大反应速率到达时间	SN/T 3078.1—2012	不测:第9.1条款	不具备比热容测试能力
			—	具备比热容测试能力
4	化学物质热稳定性/TG起始温度、TG质量变化、DTG起始温度	SN/T 3078.2—2015	室温到800 ℃	
5	化学物质热稳定性/起始分解温度、分解终止温度、绝热温升、分解放热量	NY/T 3784—2020	不测:第4.6.2条款	不具备比热容测试能力
				具备比热容测试能力

2) 化学反应热安全性

化学反应热安全性项目/参数表述方式参见表4-3。

表 4-3 化学反应热安全性项目/参数表述范例

序号	项目/参数	检测标准/条款号	说　明	备　注
1	化学反应热安全性/反应热	T/CIESC 0001—2020/5.4、6.3	压力范围、温度范围（例如，常压反应釜只测温度－30～20 ℃、压力 0～50 mbar；高压反应釜只测温度－10～200 ℃、压力 0～50 bar）	根据是否配备耐高压反应釜确定压力范围，温度范围为配备的反应量热仪温度测试范围
2	化学反应热安全性/反应体系比热容	T/CIESC 0001—2020/6.3.2.4		
3	化学反应热安全性/热累积度	T/CIESC 0001—2020/5.5、6.3		

3. 领域代码

CNAS-AL06《实验室认可领域分类》中包含化工产品热安全检测的实验室认可领域分类，一、二级代码为"0250 化学品热安全性"，三级代码包括"025001 热稳定性""025002 反应热"和"025099 其他"。实验室可根据申请认可的检测能力选择合适的领域代码。表 4-4 中给出了化工产品热安全检测领域实验室领域代码参考范例。

表 4-4 化工产品热安全检测领域实验室领域代码参考范例

序号	检测标准/条款号	一、二级代码	三级代码
1	GB/T 13464—2008	0250	025001
2	GB/T 22232—2008	0250	025001
3	SN/T 3078.1—2012	0250	025001
4	SN/T 3078.2—2015	0250	025001
5	NY/T 3784—2020	0250	025001
6	T/CIESC 0001—2020/5.4、6.3	0250	025002
7	T/CIESC 0001—2020/6.3.2.4	0250	025002
8	T/CIESC 0001—2020/5.5、6.3	0250	025002

（二）设备信息填写

参见《化工产品热安全检测领域实验室认可技术指南》附录 B 化工产品热安全检测领域检测能力表述及设备信息填写示例。

三、测量不确定度评定

（一）化学物质的热稳定性

1. 差示扫描量热法/差热分析法/热重分析法

以 GB/T 22232—2008《化学物质的热稳定性测定　差示扫描量热法》检测参数评定为例，包括外推起始温度 T_s、起始温度 T_0 和反应热 ΔH。其中，T_s 由仪器数据分析处理软件根据操作人员选定的温度范围自动计算获取；ΔH 由仪器数据分析处理软件根据操作人员选定的温度范围和峰面积自动计算获取，可进行测量不确定度评定；而 T_0 为操作人员根据测试得到的热流-温度曲线根据经验判断手动选择获取的测试结果，不建议对该参数进行测量不确定度评定。《化工产品热安全检测领域实验室认可技术指南》附录 C 中给出了外推起始温度 T_s 和反应热 ΔH 测量不确定度评定范例。

1）外推温度测量不确定度的评定实例

1　目的

依据 GB/T 22232—2008《化学物质的热稳定性测定　差示扫描量热法》，以化学物质热稳定性测试中差示扫描量热法的外推温度 T_s 测定为例，评估外推温度测量结果的不确定度。

2　测量步骤

准确称取适量的热分析标准物质（铟）置于标准坩埚中，设置氮气流动速率为 50 mL/min，升温速率为 10 ℃/min，选择铟的程序升温范围为 120～180 ℃，在基线上选取左边界点 T_1 和右边界点 T_2，得到标准物质的熔化温度范围，如图 2 所示。熔化温度为外推温度。依照上述步骤更换样品，重复测量一次，两次测定结果的平均值与标准物质的标示值之差为温度示值误差。

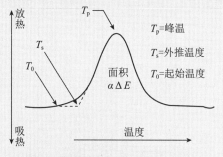

图 1　典型差示扫描量热放热曲线

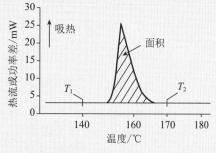

图 2　熔化温度和热量测量示意图

3　被测量

T_0——标准物质熔化温度示值，℃。

4　不确定度来源识别

依据 JJG 936—2012《示差扫描热量计检定规程》，标准装置主要由热分析国家有证标准物质和分析天平组成。根据差示扫描热量仪的测量过程分析，温度示值误差的不确定度主要来源于以下 3 个方面：

    (1) 仪器测量重复性引入的标准不确定度 $u(T_e)$；

    (2) 标准物质引入的标准不确定度 $u(T_s)$；

    (3) 仪器分辨力引入的标准不确定度 $u(T_\delta)$。

4.1 仪器测量重复性引入的标准不确定度

仪器测量重复性引入的不确定度主要来源于人员和仪器的重复测量。在相同实验条件下，同一人员使用差示扫描热量仪对有证标准物质铟分别进行 7 次独立测定，按公式(1)计算标准偏差，结果见表 1。

$$s(x) = \sqrt{\frac{1}{n-1}\sum_{i=1}^{n}(x_i - \overline{x})^2} \tag{1}$$

式中，$s(x)$ 为标准偏差；x_i 为第 i 次测量值；$\overline{x}$ 为测量平均值；n 为测量次数，$n=7$。

表 1　外推温度测量结果

标准物质	外推温度测定值/℃		平均值/℃	标准偏差
铟	1	156.63	156.65	0.145
	2	156.42		
	3	156.72		
	4	156.51		
	5	156.80		
	6	156.65		
	7	156.81		

根据 JJG 936—2012《示差扫描热量计检定规程》，通常以 2 次测量的平均值作为测量结果，则由仪器测量重复性引入的标准不确定度为：

$$u(\overline{T_e}, \text{In}) = s(T)/\sqrt{2} = 0.103 \text{ ℃}$$

4.2 标准物质引入的标准不确定度

标准物质的标示值是由中国计量科学研究院给出的特性量值，属 B 类不确定度分量。标准物质铟的熔化温度为 156.52 ℃，$U=0.26$ ℃(包含因子 $k=2$)，则由标准物质引入的标准不确定度为：

$$u(T_s, \text{In}) = U(T_s, \text{In})/2 = 0.13 \text{ ℃}$$

4.3 仪器分辨力引入的标准不确定度

根据差示扫描热量仪的性能，温度的分辨力为 0.01 ℃，则温度区间半宽度为 0.005 ℃。按均匀分布计算，包含因子 $k=\sqrt{3}$，则由仪器分辨力引入的标准不确定度为：

$$u(T_\delta) = 0.005/\sqrt{3} \text{ ℃} = 0.003 \text{ ℃}$$

从计算结果可知，仪器分辨力引入的标准不确定度远小于测量重复性引入的标准不确定度，故仪器分辨力引入的标准不确定度可以忽略不计。

5 合成标准不确定度

5.1 合成标准不确定度

外推温度示值误差的合成标准不确定度为：

$$u_c(\Delta T, \text{In}) = \sqrt{u^2(\overline{T_e}, \text{In}) + u^2(T_s, \text{In})} = 0.17 \text{ ℃}$$

5.2 扩展不确定度

取包含因子 $k=2$，则外推温度测量的相对扩展不确定度为：

$$U_c(\Delta T, \text{In}) = k \cdot u_c(\Delta T, \text{In}) = 0.34 \text{ ℃}$$

6 报告结果

外推温度 T_s：(156.65 ± 0.34) ℃。

报告的不确定度是扩展不确定度，包含因子为 2，包含概率约为 95%。

2）热量测量不确定度的评定实例

1 目的

依据 GB/T 22232—2008《化学物质的热稳定性测定　差示扫描量热法》，以化学物质热稳定性测试中差示扫描量热法的热量 ΔH 测定为例，评估热量测量结果的不确定度。

2 测量步骤

准确称取适量的热分析标准物质（铟），置于标准坩埚中，设置氮气流动速率为 50 mL/min，升温速率为 10 ℃/min，选择铟的程序升温范围为 120～180 ℃，在基线上选取左边界点 T_1 和右边界点 T_2，得到标准物质的熔化温度范围，如图 1 所示。依照上述步骤更换样品，重复测量一次，两次测定结果的平均值与标准物质的标示值之差为热量示值误差。

3 被测量

$$\Delta H = A/m$$

式中，ΔH 为仪器测试得到的标准物质熔化吸收热量；A 为标准物质熔化过程热流曲线峰面积，单位为毫焦（mJ）；m 为被测标准物质的质量，单位为毫克（mg）。

4 不确定度来源识别

热量示值误差的不确定度主要来源于以下 4 个方面：

（1）仪器测量重复性引入的标准不确定度 $u(\Delta \overline{H_e})$；

（2）标准物质引入的标准不确定度 $u(\Delta H_s)$；

（3）称样质量引入的标准不确定度 $u(m)$；

（4）仪器分辨力引入的标准不确定度 $u(\Delta H_\delta)$。

4.1 仪器测量重复性引入的标准不确定度

仪器测量重复性引入的不确定度主要来源于人员和仪器的重复测量。在相同实验条件下，同一人员使用差示扫描热量仪对有证标准物质铟分别进行 7 次独立测定，按公式（2）计算标准偏差，结果见表 2。

$$s(\overline{x}) = \sqrt{\frac{1}{n-1} \sum_{i=1}^{n} (x_i - \overline{x})^2} \tag{2}$$

式中,$s(x)$为标准偏差;x_i为第 i 次测量值;$\bar{x}$为测量平均值;n为测量次数,$n=7$。

表 2   熔化热量测量结果

标准物质	熔化热量测定值/(J·g⁻¹)		平均值/(J·g⁻¹)	标准偏差
铟	1	28.58	28.67	0.111
	2	28.52		
	3	28.70		
	4	28.73		
	5	28.86		
	6	28.62		
	7	28.68		

根据 JJG 936—2012《示差扫描热量计检定规程》,通常以 2 次测量的平均值作为测量结果,则由仪器测量重复性引入的标准不确定度为:

$$u(\Delta \overline{H_e}, \text{In}) = s(H)/\sqrt{2} = 0.079 \text{ J/g}$$

4.2   标准物质引入的标准不确定度

标准物质的标示值是由中国计量科学研究院给出的特性量值,属 B 类不确定度分量。标准物质铟的熔化热量为 28.53 J/g,$U = 0.30$ J/g $(k=2)$,则由标准物质引入的标准不确定度为:

$$u(\Delta H_s, \text{In}) = U(\Delta H, \text{In})/2 = 0.15 \text{ J/g}$$

4.3   称样质量引入的标准不确定度

样品质量采用分度值为 0.01 mg 的分析天平进行称量,称取铟 6.61 mg。根据天平检定证书,在 1~500 mg 范围内其最大允许误差(MPE)为 ±0.005 mg,按均匀分布计算,包含因子 $k = \sqrt{3}$,则由天平称量引入的标准不确定度为:

$$u(m, \text{In}) = \frac{MPE}{\sqrt{3}\, m(\text{In})} \times 28.53 = 0.012 \text{ J/g}$$

4.4   仪器分辨力引入的标准不确定度

根据差示扫描热量仪的性能,其热量的分辨力为 0.01 J/g,则热量的区间半宽度为 0.005 J/g。按均匀分布计算,包含因子 $k = 3$,则由仪器分辨力引入的标准不确定度为:

$$u(\Delta H_\delta) = 0.005/\sqrt{3} \text{ J/g} = 0.003 \text{ J/g}$$

从计算结果可知,仪器分辨力引入的标准不确定度远小于测量重复性引入的标准不确定度,故仪器分辨力引入的标准不确定度可以忽略不计。

5   合成标准不确定度

5.1   合成标准不确定度

熔化热量示值误差的合成标准不确定度为:

$$u_c(\Delta H, \text{In}) = \sqrt{u^2(\Delta \overline{H_e}, \text{In}) + u^2(\Delta H_s, \text{In}) + u^2(m, \text{In})} = 0.18 \text{ J/g}$$

5.2　扩展不确定度

取包含因子 $k=2$,则热量示值误差的相对扩展不确定度为:

$$U_c(\Delta H, \text{In}) = k \cdot u_c(\Delta H, \text{In}) = 0.36 \text{ J/g}$$

6　报告结果

熔化热量 ΔH:(28.67 ± 0.36) J/g。

报告的不确定度是扩展不确定度,包含因子为 2,包含概率约为 95%。

2. 加速量热仪法/绝热量热法

SN/T 3078.1—2012《化学品热稳定性的评价指南　第 1 部分:加速量热仪法》和 NY/T 3784—2020《农药热安全性检测方法　绝热量热法》检测参数包括起始放热温度 T_0、绝热温升 ΔT_{ad}、反应热 ΔH 和绝热条件下最大反应速率到达时间(TMR)等。其中,ΔT_{ad},ΔH 和 TMR 等参数由于测试过程涉及热惯性因子 Φ 值校正,引入的不确定影响因素较多,不建议进行测量不确定度评定;而 T_0 为绝热量热仪直接测试获取得到的参数,不涉及 Φ 值校正,建议实验室结合实际,参照《化工产品热安全检测领域实验室认可技术指南》附录 C"一、外推温度测量不确定度的评定实例"对 T_0 进行测量不确定度评定。

(二)化学反应的热安全性

化工学会团体标准 T/CIESC 0001—2020《化学反应量热试验规程》检测参数包括起始反应体系比热容 c_p、反应热 ΔH 和最大热累积度 X_{ac}。其中,ΔH 和 X_{ac} 因涉及反应过程,试验操作过程复杂,引入的不确定影响因素多,不建议进行测量不确定度评定;c_p 试验操作过程相对简单,引入的不确定影响因素少,建议实验室结合配备的反应量热仪实际对 c_p 进行测量不确定度评定。

四、设备校准和系统性能验证

(一)常用仪器设备校准建议

化工产品热安全检测领域实验室常用仪器设备校准建议见表 4-5。

(二)系统性能验证要求

化工产品热安全检测领域实验室常用仪器设备系统性能验证要求见表 4-6。

五、非标方法确认

《化工产品热安全检测领域实验室认可技术指南》7.2.2.1 条款规定化学反应热安全性检测标准 T/CIESC 0001 按非标方法进行确认。关于非标方法的确认方法,准则 CNAS-CL01:2018 第 7.2.2.1 条款做了明确规定。

7.2.2.1 实验室应对非标方法、实验室制定的方法、超出预定范围使用的标准方法或其他修改的标准方法进行确认。确认应尽可能全面,以满足预期用途或应用领域的需要。

注1:确认可包括检测或校准物品的抽样、处置和运输程序。

注2:可用以下一种或多种技术进行方法确认:

a) 使用参考标准或标准物质进行校准或评估偏倚和精密度;

b) 对影响结果的因素进行系统性评审;

c) 通过改变控制检验方法的稳健度,如培养箱温度、加样体积等;

d) 与其他已确认的方法进行结果比对;

e) 实验室间比对;

f) 根据对方法原理的理解以及抽样或检测方法的实践经验,评定结果的测量不确定度。

《化工产品热安全检测领域实验室认可技术指南》第7.2.2.1条款也给出了实验室对化学反应热安全性检测标准进行方法确认的建议。

7.2.2.1 对于没有规定详细检测过程的团体标准,按非标方法进行确认,例如 T/CIESC 0001 第6部分。实验室进行方法确认时需关注:

a) 使用系统性能验证的标准物质(醋酸酐水解反应或水的比热容测试)进行测试结果的准确性核查;

b) 对影响结果的因素进行系统性评审,影响结果的因素如:反应器的选择(正确使用常压玻璃钢釜、中压玻璃钢釜和高压金属釜,防止反应失控超过反应釜耐压极限)、温度传感器和压力传感器的校准、导热油循环系统的功能正常、导热油油位位置、搅拌速率的安全范围、环境条件(例如电压波动、阳光直射、空气相对湿度大于80%、附近存在强电场或强磁场)的影响、气液两相反应涉及易燃易爆和有毒有害类气体的泄漏监测及安全控制等;

e) 实验室间比对;

f) 根据对方法原理的理解以及检测方法的实践经验,评定结果的测量不确定度。

对于化工产品热安全检测领域实验室针对 T/CIESC 0001 或实验室自己制定的化学反应热安全性检测方法进行确认时,建议:

(1)制定方法确认计划,并经过实验室主任或技术负责人批准后实施。确认计划一般包括以下内容:

① 非标方法名称、编制人;

② 确认方式;

③ 确认实验室或确认专家;

④ 确认的起止时间;

⑤ 确认实验室或专家的结果评价。

（2）实验室申请认可非标准方法时，一般应（但不限于）提交以下材料：

① 方法的作业指导书；

② 方法的编制说明；

③ 实验室间比对或不同专家给出的方法确认报告；

④ 使用该方法出具的典型报告。

（3）作业指导书可以是实验室引用的原期刊论文或文献资料，也可以是经编制而成的实验室内部文件，但均应受控，并便于现场实验人员使用。

（4）作业指导书至少应包括（但不限于）以下内容：

① 方法适用范围；

② 方法原理；

③ 检测步骤；

④ 结果判定；

⑤ 引用的参考资料。

（5）作业指导书应为中文或应有中文版本，且适用范围明确，方法来源可靠，检测步骤清晰，结果判定依据明确。

（6）方法的编制说明应给出编制该方法的目的意义、编制过程、编写人员，以及方法确认过程和结论，包括实验室内、实验室间或不同专家进行方法确认的情况。

（7）方法确认报告应由 3 家以上同行实验室或 5 位以上行业内专家提供，报告应包含确认的技术指标及检测方法，并给出该检测方法在检测原理、可操作性、准确性、重复性、适用性等方面的评价结论。结合化学反应热安全性参数检测的特征，准确性评价建议实验室以醋酸酐水解反应和水的比热容作为参考，采用"变异系数（CV 值）法"[22]和"道格拉斯（Grubbs）检验法"[23]分别验证测试醋酸酐水解反应的 ΔH、c_p、X_{ac} 等参数的重复性和再现性偏差，采用"t 验证法"[24]评估水的比热容的正确度，评估范例详见本书附录八"化学反应量热参数精密度和正确度评估范例"。

（8）确认的技术指标应根据不同类别检测项目确定，主要包括反应热、反应体系比热容、最大热累积度等参数。

（9）确认的检测方法应与作业指导书上的检测步骤和内容一致；针对反应热、反应体系比热容、最大热累积度等参数的技术指标，方法确认报告要附相应的反应量热测试曲线图。

（10）实验室提供的使用该非标准方法检测出具的典型报告，其检测结果应包括反应热、反应体系比热容、最大热累积度等参数的数据和测试曲线。

六、质量控制要求

化工产品热安全检测领域实验室常用仪器设备校准/核查建议见表 4-5。

化工产品热安全检测领域实验室常用仪器设备系统性能验证要求见表 4-6。

化工产品热安全检测领域实验室质量控制要求见表 4-7。

表 4-5   化工产品热安全检测领域实验室常用仪器设备校准/核查建议

序号	仪器设备名称		量值溯源方式	建议周期	校准参数	要求	校准/核查依据	校准/核查要点
1	差示扫描量热仪		校准	12 个月	温度信号	±2 ℃	JJG 936 GB/T 22232	(1) 对于校准参数的选择,校准证书中应包括温度、热流、时间信号校准结果。 (2) 校准机构无法对时间信号进行校准时,建议对 JJG 936 中的"程序升温速率偏差"参数进行校准
					热流信号	±1%		
					时间信号	±0.5%		
2	差热分析仪		校准	12 个月	相转变温度	—	GB/T 13464	校准物质采用 GB/T 13464 附录 A 中表 A.1 所列物质(纯度大于 99.9%)
3	热重分析仪		校准	12 个月	质量信号	最小量程 10 mg,灵敏度 ±10 μg	JJG 1135 SN/T 3078.2	校准证书中应包括质量、温度信号校准结果
					熔炉温度	±0.1 ℃		
4	绝热量热仪	温度传感器	校准/系统性能验证	12 个月	物料温度	±2.0 ℃	JJG 874 JJG 882 SN/T 3078.1 NY/T 3784	(1) 设备在初次使用前应对其进行校准,在使用过程中应依据测试频次定期进行系统性能验证。在测试体系有重大变化时,要进行校准或系统性能验证,重大变化包括但不限于温度传感器、压力传感器、加热器等的更换。 (2) 校准方式为拆卸温度、压力传感器进行校准后,采用系统性能验证的标准物质对整机进行核查〔采用 20%(质量分数)过氧化二叔丁基的甲苯溶液作为校准物质,起始分解温度在 115~125 ℃ 之间;采用 12%(质量分数)偶氮二异丁腈的二氯甲烷溶液作为校准物质,起始分解温度在 48~52 ℃ 之间〕
					加热炉温度	±2.0 ℃		
		压力传感器	校准		物料压力	—		

序号	仪器设备名称		量值溯源方式	建议周期	校准参数	要 求	校准/核查依据	校准/核查要点
5	反应量热仪	温度传感器	校准/系统性能验证	12个月	物料温度	±0.15 ℃	JJG 617 JJG 1084 JJG 1036《化学化工物性数据手册》、反应量热仪设备生产商提供的醋酸酐水解反应参数参考范围	校准方式为拆卸温度、压力传感器进行校准后,采用系统性能验证的标准物质对整机进行核查[采用醋酸酐水解反应作为校准物质,进行反应量热测试,与设备生产商提供的反应热安全数据进行比对;采用水作为校准物质,测试其在25 ℃时的比热容,以《化学化工物性数据手册》水在25 ℃时的标准比热容[4.184 6 J/(g·K)]作为参考值进行 t 验证]
					夹套温度	±0.20 ℃		
		压力传感器	校准		物料压力	±0.06％FS/bar		
		电子天平	检定/校准		质 量	±0.15 g		
		校准加热器	校准		电 压	(5±0.17) V(工作电压5 V)		
						(15±0.5) V(工作电压5 V)		
					电 流	(0.249±0.017) A(工作电压5 V)		
						(0.748±0.05) A(工作电压5 V)		

表 4-6 化工产品热安全检测领域实验室常用仪器设备系统性能验证要求

序号	仪器设备名称	检测标准	要 求	校准物质	试验验证参数
1	绝热量热仪	SN/T 3078.1	(1)仪器校准应该定期或在系统有重大改变(热电偶或加热器的更换、样品容器破裂、限制外的漂移等)时进行,且应包括校准物质的温度范围。(2)仪器校准最好用一个空的、干净的、重量较轻的样品容器进行。(3)选择合适的化合物用作系统性能验证的校准物质。附录A中给出了用ARC循环测试的结果	20％DTBP甲苯溶液	附录 A 中给出的自热速率随温度变化曲线
				12％AIBN二氯甲烷溶液	
				物质的量比为2∶1的甲醇-乙酸酐溶液	
		NY/T 3784	(1)设备在初次使用前应进行校准,在使用过程中应依据测试频次定期进行校准,在测试体系有重大变化时要进行校准。重大变化包括但不限于温度传感器、压力传感器、加热器的更换等。校准区间应包括测试物质的温度范围。(2)选择合适的化合物用作系统性能验证的校准物质。常用的校准物质包括但不限于20％(质量分数)过氧化二叔丁基(DTBP)的甲苯溶液、12％(质量分数)偶氮二异丁腈(AIBN)的二氯甲烷溶液等	20％DTBP甲苯溶液	115 ℃≤ T_0 ≤125 ℃
				12％AIBN二氯甲烷溶液	48 ℃≤ T_0 ≤52 ℃

续表

序号	仪器设备名称	检测标准	要 求	校准物质	试验验证参数
2	反应热量仪	TCIESC 0001	(1) 无检定/校准规程,建议校准方式为:拆卸温度、压力传感器进行校准后,采用系统性能验证的标准物质对整机进行核查。 (2) 采用醋酸酐水解反应作为校准物质,进行反应量热测试,并与设备生产商提供的反应热安全数据进行比对。 (3) 采用水作为校准物质,测试 25 ℃时的比热容,以《化学化工物性数据手册》水在 25 ℃时的标准比热容[4.184 6 J/(g·K)]作为参考值进行比对	水 醋酸酐水解反应	《化学化工物性数据手册》水在 25 ℃时的标准比热容 设备生产商提供醋酸酐水解反应平均表观反应热参考值[25]

表 4-7 化学产品热安全检测领域实验室质量控制要求

序号	项目	检测标准	质量控制要点	质量控制要求
1	抽样	—	抽样方法	(1) 如果需要将样品分开用于不同检测参数的测试,则抽取计划和方法应与客户进行充分沟通,并经客户同意后方可进行抽取检测。 (2) 如果需要到化工产品生产装置现场进行抽样,则抽取计划和方法也应与客户进行充分沟通,并经客户同意后方可进行
			抽样环境条件	如果抽取的样品受环境温度、湿度影响可能会发生变化,则在抽样计划和方法中要明确抽取时的环境温湿度和抽取样品后的保存环境要求
2	化学物质热稳定性/差示扫描量热法	GB/T 22232 GB/T 13464	测试范围	(1) 可对固体、液体或泥浆样品进行测定,在绝对压力范围 100 Pa～7 MPa、温度范围 300～800 K(27～527 ℃)的惰性或活性气体中进行; (2) 根据实验室是否配备耐高压坩埚,确定压力测量范围是否达到 7 MPa
			测试坩埚	采用非密封耐压坩埚测试含易挥发溶剂类样品时,溶剂挥发会带走被测样品,导致未检测到放热,造成测试结果出现偏差。化学产品热安全检测领域实验室检测样品大部分含易挥发溶剂,建议尽可能使用密封耐压坩埚进行测试
			检测样品	(1) 在升温过程中能产生大量气体或能引起爆炸的都不宜使用该仪器。 (2) 粉状、颗粒状、片状、块状等的颗粒度对测试结果的影响较大,且颗粒越大,热阻越大,会使样品的熔融温度和熔融熔偏低,因此测试前应按照 GB/T 22232—2008 第 8.2 条款的要求通过碾磨降低颗粒度。 (3) 固体试样在坩埚中装填的松紧程度。当介质为空气时,如果装样较松散,有充分的氧化气氛,则 DSC 曲线呈放热效应;如果装样较实,处于缺氧状态,则 DSC 曲线呈吸热效应。 (4) GB/T 22232—2008 第 10.1 条款规定,本测试方法应尽可能使用小数量的材料,通常为 1～50 mg;第 11.1 条款规定,样品量一般为 5 mg,如果感量大于 8 mW,则降低样品量

续表

序号	项　目	检测标准	质量控制要点	质量控制要求
2	化学物质热稳定性/差示扫描量热法	GB/T 22232 GB/T 13464	加热速率	正常为 10～20 ℃/min，如果一个吸热反应紧接着一个放热反应，则建议降低为 2～6 ℃/min
			精密度	(1) 实验室内部的差异性可以用重复性标准偏差乘以 2.8 所得的重复性值 r 表示： ① 反应熔值的重复性相对标准偏差为 3.5%； ② 外推起始温度的重复性标准偏差为 0.52 ℃； ③ 起始温度的重复性标准偏差为 3.4 ℃。 如果两个实验室内部结果的差异超过重复性值 r，则检测结果应视为可疑。 (2) 实验室之间的变异性可以用再现性标准偏差乘以 2.8 所得的再现性值 R 表示： ① 反应熔值的再现性相对标准偏差为 4.7%； ② 外推起始温度的再现性标准偏差为 3.4 ℃； ③ 起始温度的再现性标准偏差为 10 ℃。 如果两个实验室间结果的差异性超过再现性值 R，则检测结果应视为可疑
			量值溯源	(1) 根据检定规程(JJG 936—2012)校准温度、热流、时间信号。 (2) 实验室应向校准机构明确需要校准时间信号，如果检定机构无法对时间信号进行校准，则建议对 JJG 936—2012 第 6.2 条款表 2 中"程序升温速率偏差"进行校准
			环境条件	(1) 实验室内尽可能配备温湿度监控设施，控制环境温湿度至设备生产商提供的操作规程中规定的温湿度条件。 (2) 可参考其他领域采用差示扫描量热法的检测标准中对环境温湿度的规定(例如 JY/T 0589.3—2020《标准热分析方法通则　第 3 部分：差示扫描量热法》规定温度 20～25 ℃，湿度 <75%RH)
			检测结果的控制	(1) 采用重复检测或人员、仪器或方法比对等进行监控，并对结果进行评价。 (2) 定期参加实验室间比对或能力验证计划
3	化学物质热稳定性/差热分析法	GB/T 13464	测试范围	(1) 适用于在一定压力(包括常压)的惰性或反应性气氛中、在 −50～1 500 ℃的温度范围内有熔变的固体、液体和浆状物质热稳定性的测试； (2) 根据实验室是否配备耐高压坩埚，确定压力测量范围是否一定
			测试坩埚	坩埚(包括铝坩埚、铂坩埚、陶瓷坩埚等)应不与试样和参比物起反应
			检测样品	(1) 对于液体或浆状样品，混匀后取样；对于固体样品，粉碎后用圆锥四分法取样。 (2) 试样量由被测试样的数量、需要稀释的程度、Y 轴量程、熔变大小以及升温速率等因素决定，宜为 1～5 mg，最大用量不超过 50 mg。如果试样有突然释放大量潜能的可能性，则应适当减少试样量。 (3) 为防止被测物质的潜在危险性，在取样和测量时应小心谨慎；如果需要用研磨的方法粉碎试样，应将被测物质视为危险品，并按化学危险品安全操作规程进行操作

化工产品热安全检测实验室认可实用手册

序号	项目	检测标准	质量控制要点	质量控制要求
3	化学物质热稳定性/差热分析法	GB/T 13464	加热速率	控制升温速率在 2～20 ℃/min 范围内
			精密度	起始温度的重复标准偏差应不大于 3.4 ℃,外推起始温度的重复标准偏差应不大于 0.52 ℃,反应焓的重复标准偏差应不大于 4.7%
			量值溯源	采用附录 A 表 A.1 中所列物质(纯度大于 99.9%)的相转变温度对仪器进行校准
			环境条件	实验室内尽可能配备温湿度监控设施,控制环境温湿度至设备生产商提供的操作规程中规定的温湿度条件
			检测结果的控制	(1) 采用重复检测或人员、仪器、方法比对等监控方式,并对结果进行评价。 (2) 定期参加实验室间比对或能力验证计划
4	化学物质热稳定性/热重分析法	SN/T 3078.2	测试范围	适用于温度范围在室温到 800 ℃ 之间不发生升华或蒸发的固体或液体样品,包括药物和聚合物,尤其适用于熔点和反应以及分解初期时间点相重合的物质
			测试坩埚	测试容器为与样品不会发生反应,在测试方法温度限值下保持热稳定的容器(平底锅、坩埚等)
			检测样品	(1) 样品应该是能代表测试材料的样品,包括颗粒大小和纯度。样品在接收后应立即对其进行分析,如果在分析之前需对样品进行某种加工,例如干燥,则其中导致的质量变化必须在报告中详细记录。 (2) 样品质量的选择取决于材料的危险度、仪器的灵敏度、加热速率以及样品的均一性。通常样品质量为 1～10 mg,对于含能材料或者性质不明的样品最安全的方法是一开始使用质量不超过 1 mg,并且使用低加热速率(1～10 ℃/min)。 (4) 应考虑样品的大小,防止厚的样品因样品内部导热性滞后而发生转折变宽。 (5) 对于未知危险性的样品,第一次检测前,应在样品准备和测试之前采取相应的预防措施
			加热速率	加热速率为 10～20 ℃/min,当质量发生复杂变化时,建议使用较低的加热速率(1～10 ℃/min);对于含能材料,建议使用较低的加热速率(1～10 ℃/min);对于爆炸品,建议加热速率不超过 3 ℃/min
			精密度	(1) 实验室内部的变化可以使用重复性标准偏差乘以 2.8 所得的重复性值 r 表示:TG 起始温度重复性标准差为 6 ℃,TG 质量变化重复性标准差为 0.6%,DTG 起始温度重复性标准差为 5 ℃。如果实验室内两个检测值间的差异大于重复性值,则结果应视为可疑。 (2) 实验室间的变化可以使用再现性标准偏差乘以 2.8 所得的再现性值 R 表示:TG 起始温度再现性标准差为 54 ℃,TG 质量变化再现性标准差为 2.3%,DTG 起始温度再现性标准差为 18 ℃。如果两个实验室间结果的差异性大于再现性值,则检测结果应视为可疑

续表

序号	项 目	检测标准	质量控制要点	质量控制要求
4	化学物质热稳定性/热重分析法	SN/T 3078.2	量值溯源	根据检定规程(JJG 1135—2017)对质量和温度信号进行校准
			环境条件	实验室内尽可能配备温湿度监控设施,控制环境温湿度至设备生产商提供的操作规程中规定的温湿度条件
			检测结果的控制	(1) 采用重复检测或人员、仪器或方法比对等进行监控,并对结果进行评价。 (2) 定期参加实验室间比对或能力验证计划
5	化学物质热稳定性/加速量热法	SN/T 3078.1	测试范围	适用于对化学品热稳定性的评价
			检测样品	(1) 样品之间以及样品与容器之间具有良好的热传递。热传递速率受限的固体样品或体系可能得不到可靠、定量、前后一致的结果;非均相体系的结果意义不大。 (2) 标准中对样品量未做规定,建议参照 NY/T 3784 执行
			程序升温	升温间距均为 5 ℃,等待时间均为 15 min
			精密度和偏差	测试结果为温度和压力随时间的变化曲线,不直接产生测试数据,标准中对精密度和偏差未做要求
			量值溯源	(1) 校准温度、压力传感器,采用系统性能验证的标准物质对整机进行核查。 (2) 系统性能验证要求:① 应该定期或在系统有重大改变(热电偶或加热器的更换、样品容器破裂、限制外的漂移等)时进行,且应包括校准物质的温度范围;② 最好用一个空的、干净的、重量较轻的样品容器进行;③ 选择合适的化合物用作系统性能验证的校准物质
			测试样品池 (量热球)	(1) 标准中温度传感器与样品接触方式只包括"温度传感器外接至量热球壁上,不与样品直接接触"和"温度传感器内插至量热球内,与样品直接接触"两种方式,而采用"温度传感器内插至嵌入量热球的套管内,与样品不直接接触"的方式时,属于对标准方法的修改,实验室应针对该与标准方法规定不一致的修改进行方法确认。 (2) 标准中对计算热惯性因子用到的测试容器的质量(m_b)未做规定,如果实验室采用的 m_b 中不包括"连接螺母和密封垫圈"的质量,则建议实验室就测试容器质量(m_b)的采用要求编制详细作业指导书,按照实验室实际情况制定相关规则,并经验证后使用
			检测结果控制	(1) 采用重复检测或人员、仪器或方法比对等进行监控,并对结果进行评价。 (2) 定期参加实验室间比对或能力验证计划

序号	项目	检测标准	质量控制要点	质量控制要求
6	化学物质热稳定性/绝热量热法	NY/T 3784	测试范围	适用于农药原药、中间体、产成品和废弃物的热安全性测定,可根据测试的需要,选取空气、氧气和氮气等氛围进行测试
			检测样品	样品量通常为1~10 g或其他克级以上规模(根据测试设备和测试样品确定)。对于特性未知的样品,最安全的做法是先用差示扫描量热等进行初筛,确定后续测试样品的量
			程序升温	(1)升温间距通常为1~10 ℃,也可根据实际情况选择合适的升温间距,一般选择5 ℃(起始分解温度受升温间距的影响,只有在同一升温间距下取得的结果才具有可比性)。(2)等待时间为15 min
			允许差	测试物料绝热量热起始分解温度2次平行测定结果的误差要小于±5 ℃,取最低值作为测定结果,不在允许误差范围内的结果不应采纳
			量值溯源	(1)校准温度、压力传感器,采用系统性能验证的标准物质对整机进行核查。(2)系统性能验证要求:① 使用过程中应依据测试频次定期进行系统性能验证,在测试体系有重大变化时,要进行验证。重大变化包括但不限于温度和压力传感器、加热器的更换等,验证区间应包括测试物质的温度范围。② 选择合适的化合物用作系统性能验证的校准物质,常用的校准物质包括但不限于20%(质量分数)过氧化二叔丁基的甲苯溶液、12%(质量分数)偶氮二异丁腈的二氯甲烷溶液等
			测试样品池(量热球)	(1)标准中温度传感器与样品接触方式同SN/T 3078.1—2012,当采用"温度传感器内插至嵌入量热球的套管内,与样品不直接接触"的方式时,属于对标准方法的修改,实验室应针对该与标准方法规定不一致的修改进行方法确认。(2)标准第4.5.1条款规定,计算热惯性因子用到的测试容器的质量(m_b)为"测试样品池、连接螺母和密封垫圈的总质量"
			检测结果控制	(1)采用重复检测或人员、仪器、方法比对等监控方式,并对结果进行评价。(2)定期参加实验室间比对或能力验证计划
7	化学反应热安全性	TCIESC 0001	测试范围	(1)适用于理想等温量热法、理想绝热量热法及其他非理想方式的量热方法,不适用于物质的燃烧热测试。(2)检测参数包括反应热、反应体系比热容、最大热累积度。(3)测试温度范围根据配备的反应量热仪规格、型号而不同,一般为-30~200 ℃。(4)测试压力范围根据配备的反应釜材质不同可分为常压(玻璃钢釜:0~50 mbar)、中压(玻璃钢釜:6~10 bar)、高压(金属釜:60~100 bar)
			检测样品	(1)样品量根据配备的反应釜规格确定,严格按照设备生产商提供的操作说明中的样品量要求执行。(2)在进行未知危险性化学反应量热测试之前,宜先理论计算反应生成焓,对待测化学反应的反应热进行估算,在确保安全的前提下再进行测试

序号	项 目	检测标准	质量控制要点	质量控制要求
7	化学反应热安全性	TCIESC 0001	量值溯源	目前暂未有检定/校准规程,建议的校准方式为拆卸温度、压力传感器进行校准后,采用系统性能验证的标准物质对整机进行核查
			环境条件	(1) 如果涉及气液两相反应,则在测试过程中应对易燃易爆或有毒有害气体是否泄漏进行严格监控,并配置可燃气体和有毒气体报警器,防止泄漏造成安全事故。 (2) 制订检定计划,定期委托专业检定机构检定气体报警器。 (3) 制定定期监控和评审气体报警器的程序或作业指导书,严格检查其在使用期间是否正常工作
			检测记录	在化学反应量热测试过程中应尽可能记录化学过程中观察到的试验现象、过程信息等,包括化学反应的物料名称、颜色、状态、浓度、质量和化学反应流程、反应条件、反应过程中观察到的现象等
			检测结果控制	(1) 定期采用系统性能验证标准物质核查结果的准确性。 (2) 定期参加实验室间比对

第五章 化工产品热安全检测实验室的认可流程

一、实验室管理体系的建立与运行

化工产品热安全检测实验室应依据 CNAS-CL01《检测和校准实验室能力认可准则》建立管理体系,同时满足认可规则和 CNAS-CL01-A002《检测和校准实验室能力认可准则在化学检测领域的应用说明》的要求。

(一)管理体系建立

实验室可参考 CNAS-GL001《实验室认可指南》第 5.1.1～5.1.3 条,结合 CNAS-GL051《化工产品热安全检测领域实验室认可技术指南》建立实验室的管理体系。

> **5.1.1** 实验室若申请 CNAS 认可,首先要依据 CNAS 的认可准则,建立管理体系。
>
> 检测实验室、校准实验室适用 CNAS-CL01(等同采用 ISO/IEC17025)《检测和校准实验室能力认可准则》。
>
> **5.1.2** 实验室在建立管理体系时,除满足基本认可准则的要求外,还要根据所开展的检测/校准/鉴定活动的技术领域,同时满足 CNAS 基本认可准则在相关领域应用说明、相关认可要求的规定。
>
> 注:CNAS 部分认可规范文件中也有对体系文件的要求,例如:CNAS-R01《认可标识使用和认可状态声明规则》中要求"合格评定机构应对 CNAS 认可标识使用和状态声明建立管理程序,以保证符合本规则的规定,且不得在与认可范围无关的其他业务中使用 CNAS 认可标识或声明认可状态""校准实验室应建立签发带 CNAS 认可标识校准标签的管理程序"等。CNAS-RL02《能力验证规则》中要求"合格评定机构的质量管理体系文件中,应有参加能力验证的程序和记录要求,包括参加能力验证的工作计划和不满意结果的处理措施"。
>
> **5.1.3** 实验室建立管理体系文件时,要注意:
>
> a)管理体系文件要完整、系统、协调,能够服从或服务于实验室的政策和目标;组织结构描述清晰,内部职责分配合理;各种质量活动处于受控状态;管理体系能有效运行并进行自我完善;过程的质量监控基本完善,支持性服务要素基本有效。
>
> b)管理体系文件要将认可准则及相关要求转化为适用于本实验室的规定,具有可操作性,各层次文件之间要求一致。
>
> c)当实验室为多场所,或开展检测/校准/鉴定活动的地点涉及非固定场所时,管理

体系文件需要覆盖申请认可的所有场所和活动。多场所实验室各场所与总部的隶属关系及工作接口描述清晰,沟通渠道顺畅,各分场所实验室内部的组织机构(需要时)及人员职责明确。

(二)管理体系运行

化工产品热安全检测实验室可参考 CNAS-GL001《实验室认可指南》第 5.1.4 条运行实验室的管理体系。

> **5.1.4** 实验室的管理体系至少要正式、有效运行 6 个月后,进行覆盖管理体系全范围和全部要素的完整的内审和管理评审。
>
> **5.1.4.1** 所谓正式运行,是指初次建立管理体系的实验室,一般要先进入试运行阶段,通过内审和管理评审,对管理体系进行调整和改进,然后正式运行。
>
> **5.1.4.2** 所谓有效运行,一般是指管理体系所涉及的要素都经过运行,且保留有相关记录。对于实验室不从事认可准则中的一种或多种活动,如分包校准等,可按准则要求进行删减。
>
> **5.1.4.3** 实验室在策划内审时,要从机构设置、岗位职责入手,从风险控制的角度确定内审范围和频次,制定内审方案。内审"检查表"(或其他称谓)要记录相应客观证据并具可追溯性。
>
> **5.1.4.4** 内审和管理评审方案的建立和实施可参考以下文件:
>
> CNAS-GL011《实验室和检验机构内部审核指南》;
>
> CNAS-GL012《实验室和检验机构管理评审指南》。

二、正式申请

实验室的管理体系至少要正式、有效运行 6 个月以上,其间进行完整的内审、管理评审(需在体系运行满 6 个月之后进行),满足 CNAS-RL02《能力验证规则》,具备检测活动所需足够的资源,仪器设备量值溯源满足 CNAS 相关要求,并且申请的检测技术能力有相应的检测经历后,可向 CNAS 秘书处提出正式认可申请。

(一)认可受理条件

实验室在正式提交认可申请之前,应对照 CNAS-RL01:2019《实验室认可规则》第 6 条"申请受理要求",自我评估是否满足认可受理条件。

> **6 申请受理要求**
>
> **6.1** 提交的申请资料应真实可靠,申请人不存在欺骗、隐瞒信息或故意违反认可要求的行为。
>
> 注:违反申请资料真实可靠的行为包括但不限于:
>
> ——申请资料与事实不符;

——提交的申请资料有不真实的情况；

——同一材料内或材料与材料之间多处出现自相矛盾或时间逻辑错误；

——与其他申请人资料雷同等。

6.2 申请人应对 CNAS 的相关要求基本了解，且进行了有效的自我评估，提交的申请资料齐全完整、表述准确、文字清晰。

注：申请认可的境内实验室，应提交完整的中文申请材料，必要时可提供中、外文对照材料。

6.3 申请人具有明确的法律地位，其活动应符合国家法律法规的要求。

6.4 建立了符合认可要求的管理体系，且正式、有效运行 6 个月以上。即管理体系覆盖了全部申请范围，满足认可准则及其在特殊领域的应用说明的要求，并具有可操作性的文件。组织机构设置合理，岗位职责明确，各层文件之间接口清晰。

6.5 进行过完整的内审和管理评审，并能达到预期目的。

注：内审和管理评审应在管理体系运行 6 个月以后进行。

6.6 申请的技术能力满足 CNAS-RL02《能力验证规则》的要求。

6.7 申请人具有开展申请范围内的检测/校准/鉴定活动所需的足够的资源，例如主要人员，包括授权签字人应能满足相关资格要求等。

6.8 使用的仪器设备的量值溯源应能满足 CNAS 相关要求。

6.9 申请认可的技术能力有相应的检测/校准/鉴定经历。

注 1：申请人申请的检测/校准/鉴定能力应为经常开展且成熟的项目。

注 2：对于不申请实验室的主要业务范围，只申请次要工作领域的，原则上不予受理。对于虽然申请了主要业务范围，但不申请认可其中的主要项目，只申请认可次要项目的，原则上不予受理。

注 3：对所申请认可的能力，申请人应有足够的、持续不断的检测/校准/鉴定经历予以支持。如近两年没有检测/校准/鉴定经历，原则上该能力不予受理。申请人不经常进行的检测/校准/鉴定活动，如每个月低于 1 次，应在认可申请时提交近期方法验证和相关质量控制记录。对特定检测/校准/鉴定项目，申请人由于接收和委托样品太少，无法建立质量控制措施的，原则上该能力不予受理。

6.10 CNAS 具备对申请人申请的检测/校准/鉴定能力，开展认可活动的能力。

6.11 CNAS 认可准则和要求类文件不能作为申请人的能力申请认可。

6.12 CNAS 秘书处认为有必要满足的其他方面要求。

6.13 存在以下情况时，将不受理申请人的认可申请：

a) 申请人提交的申请资料与事实不符，或提交的申请资料有不真实的情况，或申请人存在欺骗行为、隐瞒信息或故意违反认可要求等。

b) 申请人不能遵守认可合同关于公正诚实、廉洁自律等内容。

c) 不能满足上述 6.2～6.12 条的要求。

d) 5.1.2.4 所述情况。

（二）提交申请

实验室可参照 CNAS-GL001:2018《实验室认可指南》第 5.2.1～5.2.6 条提交认可申请。

5.2.1 实验室所开展的任何活动,均要遵守国家的法律法规,并诚实守信。

5.2.2 CNAS 实验室认可秉承自愿性、非歧视原则,实验室在自我评估满足认可条件后,向 CNAS 认可七处(注:CNAS 于 2020 年机构调整后,认可七处已更名为认可评定部)递交认可申请,签署《认可合同》,并交纳申请费。具体费用及汇款账号见申请书中的"申请须知"。

《认可合同》应由法定代表人或其授权人签署。由授权人签署时,其授权齐全,并随《认可合同》一同提交。

5.2.3 CNAS 认可条件:

a) 具有明确的法律地位,具备承担法律责任的能力;

b) 符合 CNAS 颁布的认可准则和相关要求;

c) 遵守 CNAS 认可规范文件的有关规定,履行相关义务。

5.2.3.1 实验室是独立法人实体,或者是独立法人实体的一部分,经法人批准成立,法人实体能为申请人开展的活动承担相关的法律责任。

5.2.3.2 实验室在建立和运行管理体系时,要满足基本准则和专用准则的要求。

5.2.3.3 实验室在运行管理体系和开展相关活动时,要遵守 CNAS 认可规范文件中的要求,并履行 CNAS-RL01 第 11.2 条所述的相关义务。

5.2.4 实验室可登录 CNAS 网站"www.cnas.org.cn/实验室/检验机构认可业务在线申请"系统填写认可申请(CNAS-AL01、CNAS-AL02),并按申请书中的要求提供其他申请资料。

注 1:CNAS 网站有"实验室/检验机构认可业务在线申请"系统使用教程可供学习。

注 2:同时申请"能源之星检测实验室""EPA 复合木制品检测实验室"认可的实验室,相关要求请参见 CNAS-CL01-S02《"能源之星"实验室认可方案》、CNAS-CL01-S04《EPA 复合木制品检测实验室认可方案》。

注 3:2016 年 6 月 7 日 CNAS 发布的《关于调整实验室及相关机构、检验机构申请及评审资料提交方式的通知》中明确了提交纸质版材料和电子版材料的要求,需注意的是提交电子版的材料应与提交纸质版的材料具有同等效力。

注 4:实验室英文名称和地址的翻译请参见 CNAS-AL12《合格评定机构英文名称与地址的申报指南》。

5.2.5 如果实验室使用计算机系统管理体系文件,可直接从计算机中导出并提交,但需要包含审批人信息,相关审批手续在现场评审时核查。

5.2.6 认可申请书中所要求提交的相关记录,实验室只需从存档文件中复印或扫描提交。对于手写记录,不能因为申请认可而誊抄或录入计算机打印。

(三) 缴纳费用

实验室在提交认可申请后,应根据系统中的提示填写实验室开具发票信息,并足额缴纳相关费用。CNAS 认可收费原则与用途、收费项目与标准、收费要求等详见 CNAS-RL03《实验室和检验机构认可收费管理规则》。

三、受理申请

(一) 受理要求

CNAS 秘书处收到实验室递交的申请资料并确认交纳申请费后,首先会确认申请资料的齐全性和完整性,然后对申请资料进行初步审查,以确认是否满足 CNAS-RL01 第 6 条所述的申请受理要求,作出是否受理的决定。对 CNAS-RL01 中部分受理要求的解释见 CNAS-GL001《实验室认可指南》第 5.3.2 条。

> **5.3.2** 对 CNAS-RL01 中部分受理要求的解释:
>
> **5.3.2.1** 申请人具有明确的法律地位,其活动要符合国家法律法规的要求。
>
> 实验室是独立法人实体,或者是独立法人实体的一部分,经法人批准成立,法人实体能为申请人开展的活动承担相关的法律责任。实验室要在其营业执照许可经营的范围内开展工作。实验室在提交认可申请时需同时提交法人证书(或法人营业执照),对于非独立法人实验室,还需提供法人授权书和承担实验室相关法律责任的声明。
>
> **5.3.2.2** 建立了符合认可要求的管理体系,且正式、有效运行 6 个月以上。
>
> 实验室建立的管理体系既要符合基本认可准则的要求,同时还要满足专用认可规则类文件、要求类文件及基本认可准则在专业领域应用说明的要求。实验室应该充分了解 CNAS 相关文件的要求。相关文件可从 CNAS 网站"www.cnas.org.cn/实验室认可/实验室认可文件及要求/认可规范"中下载查看。
>
> **5.3.2.3** 申请的技术能力满足 CNAS-RL02《能力验证规则》的要求。
>
> 根据 CNAS-RL02 的规定:只要存在可获得的能力验证,合格评定机构初次申请认可的每个子领域应至少参加过 1 次能力验证且获得满意结果(申请认可之日前 3 年内参加的能力验证有效)。子领域的划分可从 CNAS 网站"www.cnas.org.cn(/实验室认可)/能力验证专栏/能力验证相关政策与资料"中下载相关文件查看。每个子领域能够提供的能力验证的相关信息,如项目/参数、实施机构、提供类型等,可从"www.cnas.org.cn/中国能力验证资源平台/能力验证计划信息查询"中查看。
>
> 参加能力验证但不能提供满意结果,或不满足 CNAS-RL02《能力验证规则》要求的,将不受理该子领域的认可申请。
>
> 申请认可的项目如果不存在可获得的能力验证,实验室也要尽可能地与已获认可的实验室进行实验室间比对,以验证是否具备相应的检测/校准/鉴定能力。

5.3.2.4　申请人具有开展申请范围内的检测/校准/鉴定活动所需的足够的资源。

"足够的资源"是指有满足 CNAS 要求的人员、环境、设备设施等,实验室的人员数量、工作经验与实验室的工作量、所开展的活动相匹配。实验室的主要管理人员和所有从事检测或校准或鉴定活动的人员要与实验室或其所在法人机构有长期固定的劳动关系,不能在其他同类型实验室中从事同类的检测或校准或鉴定活动。实验室的检测/校准/鉴定环境能够持续满足相应检测/鉴定标准、校准规范的要求;实验室有充足的,与其所开展的业务、工作量相匹配的仪器设备和标准物质,且实验室对该仪器设备具有完全的使用权。

5.3.2.5　使用的仪器设备的测量溯源性要能满足 CNAS 相关要求。

对于能够溯源至 SI 单位的仪器设备,实验室选择的校准机构要能够符合 CNAS-CL01-G002《测量结果的溯源性要求》中的规定。

实验室需对实施内部校准的仪器设备和无法溯源至 SI 单位的仪器设备予以区分。对于实施内部校准的检测实验室,要符合 CNAS-CL01-G004《内部校准要求》的规定;对于无法溯源至 SI 单位的,要满足 CNAS-CL01《检测和校准实验室能力认可准则》的要求。

5.3.2.6　申请认可的技术能力有相应的检测/校准/鉴定经历。

实验室申请认可的检测/校准/鉴定项目,均要有相应的检测/校准/鉴定经历,且是实验室经常开展的、成熟的、主要业务范围内的主要项目,不接受实验室只申请非主要业务的项目,例如生产企业的实验室不申请其生产的产品的检测,仅申请原材料(进货)检测或环保监测(如水质)检测;也不允许实验室仅申请某一产品的非主要检测项目,例如某一产品的外观检测(目测)、标志检测等。

注:检测/校准/鉴定经历不要求一定是对外出具的检测/鉴定报告/校准证书。

不接受实验室仅申请抽样(采样)能力,要与相应的检测能力同时申请认可。

不接受实验室仅申请判定标准,要与相应的检测能力(标准)同时申请认可。

对于已有现行有效标准方法的,针对该检测对象的仪器分析法通则标准不予认可。

对于未获批准的标准/规范(含标准报批稿),不接受作为标准方法申请认可,实验室可以作业指导书(SOP)等非标方法形式申请认可,但要注意非标方法必须按照认可准则要求经过严格确认。

5.3.2.7　申请人申请的检测/校准/鉴定能力,CNAS 具备开展认可的能力。

对于实验室申请的检测/校准/鉴定能力,CNAS 秘书处要从认可政策、评审员和技术专家资源、及时实施评审的能力等方面进行评估,只要不具备任何一方面能力,均不能受理实验室的认可申请。

(二)安排初访

当存在以下情况时,CNAS 秘书处会征得申请人同意后安排初访:

(1)不能通过提供的文件资料确定申请人是否满足申请受理条件,例如从申请资料中不能初步确定实验室人员是否具备相应能力,或从申请资料中不能确定实验室是否具备相应的设备、设施。

(2)不能通过提供的文件资料准确认定申请范围。

（3）不能确定申请人是否能在 3 个月内接受评审。

初访的人员一般为 CNAS 秘书处人员或 CNAS 秘书处指定的评审员,初访所产生的差旅、食宿费用由申请人承担。

（三）受理审查

CNAS 秘书处在对申请资料审查过程中会将所发现的问题通知申请实验室,实验室要在 1 个月内书面回复 CNAS 秘书处,对所提问题进行澄清或采取处理措施。在回复后的 2 个月内,其提交的整改资料,经审查要能够满足受理要求,否则会导致不予受理其认可申请的后果。

注:如果整改存在"未能有效整改,仍不满足受理要求"的情况,则可能需要再次整改,因此实验室最好尽早提交整改材料,以免超期仍未完成整改而导致不予受理。

（四）发出受理/不受理通知

不论申请人是否符合申请受理条件,CNAS 秘书处都将向申请人发出受理/不受理认可通知书。对于不符合申请受理条件的,申请人若对 CNAS 秘书处的不受理决定有异议,可于接到不受理通知后 10 个工作日内,向 CNAS 秘书处提出申诉,逾期则视同接受。

注:CNAS 对于申投诉的处理,可参看 CNAS-R03《申诉、投诉和争议处理规则》。

对于不予受理认可申请后,允许实验室再次提交认可申请的时间,在 CNAS-RL01《实验室认可规则》第 6.14 条有相应规定。

> **6.14** 当 CNAS 对申请人的申请作出不予受理的决定后,申请人再次提交认可申请时,根据不同情况须分别满足以下要求:
>
> a) 由于 6.13a)和 b)所述原因不予受理认可申请的,CNAS 秘书处在作出受理决定之后的 36 个月内不再接受申请人的申请。在获得对该实验室诚信、廉洁自律的信心之前,不再受理其再次提出的认可申请。
>
> b) 由于申请人管理体系不能满足认可要求或体系运行有效性存在问题不予受理认可申请的(如不能满足 6.4、6.5 条的要求),申请人须在作出受理决定 6 个月以后才能再次提交认可申请。
>
> c) 由于技术内容不能满足要求不予受理认可申请的(如 6.6～6.9 条),申请人须在满足相关技术要求后才能再次提交认可申请。

申请资料存在以下任何一种情况,都有可能被认为实验室存在诚实性问题:

（1）提供的申请资料自相矛盾,或与实际情况不符,例如申请并不具备的能力。

（2）管理体系文件有明显抄袭痕迹,如体系文件中涉及了实验室并不从事的活动或不存在的部门。

（3）不同实验室提供的相关记录雷同,或同一实验室提供的不同时间的质量记录(如内审、管理评审记录)内容雷同。

（4）实验室质量记录在笔迹、内容等方面有明显造假痕迹。

（5）其他对实验室申请资料真实性有怀疑的情况。

四、文件评审

CNAS秘书处受理申请后,将安排评审组长对实验室的申请资料进行全面审查,是否能对实验室进行现场评审取决于文件评审的结果。

(一)文件评审的内容

文件评审的内容包括:

(1) 管理体系文件完整、系统、协调,能够服从或服务于质量方针。

(2) 组织结构描述清晰,内部职责分配合理;各种质量活动处于受控状态。

(3) 管理体系能有效运行并进行自我完善。

(4) 过程的质量控制基本完善,支持性服务要素基本有效。

(5) 申请材料及技术性文件中申请能力范围清晰、准确。

(6) 人员和设备与申请能力范围匹配。

(7) 测量结果计量溯源的符合性。

(8) 能力验证活动满足相关要求。

(9) 证书/报告的规范性。

在文件评审中,当评审组长发现文件不符合要求时,秘书处或评审组长会以书面方式通知实验室进行纠正,必要时采取纠正措施。

(二)文件评审的结论

评审组长进行资料审查后,会向CNAS秘书处提出以下建议中的一种:

(1) 实施预评审。

① 只有在审查申请资料通过,需要进一步了解以下情况时,评审组长与CNAS秘书处协商,并经实验室同意,才能安排预评审,由此产生的费用由实验室承担。

a) 不能确定现场评审的有关事宜;

b) 实验室申请认可的项目对环境设施有特殊要求;

c) 对大型、综合性、多场所或超小型实验室需要预先了解有关情况。

② 预评审不是预先的评审,预评审只对资料审查中发现的需要澄清的问题进行核实或做进一步了解,对预评审中发现的问题,评审组长可告知实验室,但不能提供有关咨询。预评审的结果不作为评价实验室管理体系和技术能力的正式依据,也不能作为减少正式评审时间的理由。

(2) 实施现场评审:在文件审查符合要求,或文件资料中虽然存在问题,但不会影响现场评审的实施时提出。

(3) 暂缓实施现场评审:在文件资料中存在较多的问题,直接影响现场评审的实施时提出。应在实验室采取有效纠正措施并纠正发现的主要问题后,方可安排现场评审。

(4) 不实施现场评审:在文件资料中存在较严重的问题,且无法在短期内解决时提出,或在实验室的文件资料通过整改后仍存在较严重问题,或经多次修改仍不能达到要求时提出。

(5) 资料审查符合要求,可对申请事项予以认可:只有在不涉及能力变化的变更和不涉及能力增加的扩大认可范围时提出。

五、组建评审组

评审组的组建原则可参见 CNAS-RL01《实验室认可规则》第 5.1.4 条的内容。

> **5.1.4 组建评审组**
>
> 5.1.4.1 CNAS 秘书处以公正性为原则,根据申请人的申请范围(如检测/校准/鉴定专业领域、实验室检测/校准/鉴定场所与检测/校准/鉴定规模等)组建具备相应技术能力的评审组,并征得申请人同意。除非有证据表明某评审员有影响公正性的可能,否则申请人不得拒绝指定的评审员。
>
> 5.1.4.2 对于无正当理由拒不接受 CNAS 评审组安排的申请人,CNAS 可终止认可过程,不予认可。
>
> 5.1.4.3 需要时,CNAS 秘书处可在评审组中委派观察员。

评审组成员不能与申请人存在以下关系:

(1)向申请人提供有损于认可过程和认可决定公正性的咨询。

(2)评审组成员或其所在机构与申请人在过去、现在或可预见的将来有影响评审过程和评审公正性的关系。

CNAS 秘书处出于以下目的,征得实验室同意后,会在评审组中安排观察员:

(1)见证评审组现场评审活动。

(2)征集申请人或评审组对评审管理工作的意见和建议。

(3)对有关现场评审活动中使用程序的适用性进行调查。

(4)指导评审组从事新开辟领域的评审工作。

(5)其他需要的情况。

组建评审组后,由 CNAS 秘书处向实验室发出《评审计划征求意见函》征求实验室的意见,其内容包括评审组成员及其所服务的机构、现场评审时间、评审组的初步分工等。如果确有证据表明某个评审员或其所服务的机构存在影响评审公正性的行为,实验室可拒绝其参与现场评审活动,CNAS 秘书处会对评审组进行调整。

六、现场评审

实验室通过 CNAS 业务系统进行《评审计划征求意见函》的确认后,CNAS 秘书处会向实验室和评审组正式发出现场评审通知,将评审目的、评审依据、评审时间、评审范围、评审组名单及联系方式等内容通知相关方。评审组负责制订现场评审日程,于现场评审前通知实验室并征得实验室同意。

一般情况下,现场评审的过程包括现场评审策划、现场评审工作预备会、现场评审实施(首次会议、现场参观、现场取证、评审组内部会议、评审组与申请人沟通评审情况、末次会议)、跟踪验证等。

（一）现场评审策划

评审组应在文件、资料审查及风险分析的基础上策划现场评审,并关注文件评审中发现的问题。

1. 评审组长

评审组长负责全面策划现场评审,负责拟定《现场评审日程表》。制订评审日程表时应注意:

（1）评审日程表的内容应包括具体的现场评审时间、评审内容、考核部门或人员。

注:需要时,现场评审时间安排可以半天为单位。

（2）评审组成员的分工。

（3）当涉及多场所评审时,日程表应覆盖所有场所。

（4）涉及多场所时,评审组长应提前与被评审方确认各地点间的距离、路程用时、交通方式等。

（5）一般情况下,至少在现场评审前3天提交给被评审实验室和评审组成员。

2. 评审组成员

评审组成员应就自己所负责的评审范围进行详细的评审策划,包括:

（1）与实验室沟通申请书中需要调整的内容,并在现场评审前调整到位。

（2）列出现场评审时要关注的问题。

（3）列出现场评审时拟查阅的记录清单。

（4）对申请认可的项目,现场评审员要关注的内容和关键过程。

（5）拟定现场试验项目及拟考核的试验人员。

（6）需要时,准备现场试验用盲样和/或标准品。

（7）准备现场评审用的文件和表格,如认可规则文件、认可准则及应用说明、评审报告附表、附件等。

现场评审前,评审员应将各自评审策划的情况向评审组长反馈。评审组长须在现场评审员前将评审组进行现场评审策划的情况向 CNAS 业务部门反馈。

（二）现场评审工作预备会

现场评审工作预备会可以根据情况集中召开或分次召开,也可以根据情况采取不同的方式。预备会由评审组长主持,评审组成员参加。

预备会内容包括:

（1）明确评审任务及工作方式。

（2）对评审要求统一认识,达成共识。

（3）介绍对实验室资料审查的情况。

（4）调整并确定评审组成员分工,明确评审组成员职责。

（5）讨论现场试验计划及能力确认方式。

（6）明确每个评审员现场评审时需完成的任务以及填写的表格。

（7）检查评审的准备情况（文件资料及评审表格）。

（8）听取评审组成员有关工作建议,解答评审组成员提出的问题。

（9）签署《现场评审人员公正性、保密及廉洁自律声明》。

（10）对新参加评审工作的成员进行简短培训。

（11）宣布评审纪律，重申评审员行为准则。

（三）现场评审实施

1. 首次会议

现场评审的开始以首次会议的召开为标志。首次会议由评审组长主持，评审组和实验室人员（可以是管理层人员，也可以是全体人员）参加。在首次会议上，评审组长将通告评审目的、范围，宣告评审要求，澄清被评审方的问题，确认评审日程，并与实验室确定陪同人员及必要的办公设施。

评审组长主持召开由评审组和实验室有关人员参加的首次会议，参会人员签署《现场评审会议签到表》。会议内容包括：

（1）介绍评审组成员，宣布评审组成员分工。

注：当评审组仅由一人组成时，应进行自我介绍。

（2）明确评审的目的、依据、范围和将涉及的部门（岗位）、人员。

（3）实验室负责人介绍实验室概况和主要工作人员及实验室管理体系运行情况。

（4）确认评审日程表，明确提交现场试验结果的时间。

（5）介绍评审的方法和程序要求，强调评审的判定原则。

（6）强调公正客观原则，并向实验室作出保密的承诺，宣读公正性、保密及廉洁自律声明。

（7）澄清有关问题，明确限制条件（如洁净区、危险区、限制交谈人员等）。

（8）要求实验室为评审组配备陪同人员，确定评审组的工作场所及所需资源。

（9）强调评审组成员不收取任何费用，实验室也不应支付评审员任何费用。若发现违反规定，一旦核实将对违反者进行处罚。涉及违法问题的，违反者还应承担相应的法律责任。将《合格评定机构廉洁自律声明》交实验室。

2. 现场参观

首次会议结束后，可对实验室主要场所进行现场观察，以使评审组初步了解实验室的关键场所和主要设施的情况。现场观察可根据实验室的规模，采用不同的形式：对于小型的、专业单一的实验室，可统一进行；对于大型的、综合类实验室，可分组或分专业领域进行。

评审组长控制现场观察的时间。现场观察后，必要时，评审组可进一步完善评审日程表，调整技术能力考核方式。

3. 现场取证

评审组根据《现场评审日程表》进行现场取证，并对评审过程予以记录。技术能力的确认原则上应基于现场试验等技术能力考核的结果和评审员的专业判断，尽量减小认可风险，选择适宜的方式进行确认。确认方式包括但不限于：现场试验、现场测量审核、现场演示试验、现场提问、核对仪器设备配置、利用能力验证结果、查阅检测报告等。

评审员在现场取证时会做到：

（1）见证关键试验过程。

（2）现场试验时注意观察试验设备、试验环境和人员操作。

（3）对照试验用检测标准或校准规范进行核查。

（4）现场见证试验时就相关技术问题对试验人员进行提问。

现场取证过程中评审组会重点关注以下问题：

（1）针对实验室制订的参加能力验证的工作计划，核查其合理性和实施情况，并关注实验室参加能力验证的结果以及是否根据人员、方法、场所和设备等变动情况，定期审查和调整参加能力验证的工作计划。

（2）测量不确定度的评估。

（3）除标准方法以外的其他方法的确认。

（4）实验室内审和管理评审安排的合理性，以及是否达到预期目标。

（5）管理评审形成的改进措施的实施和验证。

（6）实验室的环境设施。

（7）仪器设备的量值溯源情况；校准/检定证书应有足够的信息量，并能对校准/检定结果进行正确使用。

（8）实验室确保结果有效性监控措施的全面性、充分性和有效性。

（9）变更后技术能力的维持情况。

（10）在管理体系建立和运行中是否体现风险管理的理念。

评审组现场取证时，如果发现被评审实验室在相关活动中存在违反国家有关法律法规或其他明显有损于 CNAS 声誉和权益的情况，应及时报告 CNAS 秘书处。情况严重时，CNAS 有权终止认可过程，并采取相应处理措施。

4. 授权签字人考核

授权签字人是经 CNAS 认可，有能力签发带认可标识的实验室报告或证书的技术人员。实验室申请认可的授权签字人应是由实验室明确其职权，对其签发的报告/证书具有最终技术审查职责，对于不符合认可要求的结果和报告/证书具有否决权的人员。

实验室的授权签字人应具备相应技术工作经历。如果实验室基于行业管理的规定，报告或证书必须由实验室负责人签发（行政签发），而该负责人没有获得 CNAS 相应范围内的授权签字人资格，则报告或证书必须由获得 CNAS 认可的实验室授权签字人签字（技术签发），该人员可以作为报告或证书复核人（或其他称谓）的形式出现。

评审组对授权签字人进行考核时会重点关注：

（1）其技术能力是否满足要求，是否熟悉 CNAS 的相关要求。

（2）授权签字人的考核应单独进行，不宜采取集中考核的方式。对授权签字人的技术能力评审，可在现场试验或调阅技术记录的过程中同时进行。

（3）对于综合性实验室，应特别注意考核其授权领域（范围）为全部检测/校准项目（包含各个不同领域）的授权签字人，确认其技术能力符合 CNAS 相关要求。对于没有技术工作背景或不满足 CNAS 相关要求的领域，不能予以推荐。

示例：没有化学领域工作背景、不满足 CNAS-CL01-A002：2020 相关要求时，不能推荐包含化学检测项目的签字范围。

（4）通过资料审查、电话考核等非面试考核方式增加的授权签字人，在随后的现场评审时评审组应对其进行面试考核。

5. 评审组内部会议

在现场评审期间,评审组长应每天安排一段时间召开评审组内部会(也可根据情况采取不同的方式),交流当天的评审情况,讨论评审发现的问题,了解评审工作进度,及时调整评审员的工作任务,组织、调控评审进程,必要时调整评审计划,对评审员的一些疑难问题提出处理意见。在最后一次评审组内部会,应确定不符合项,写出不符合项报告,讨论评审结论,起草书面报告。

6. 评审组与申请人沟通评审情况

评审组应在每天工作结束前,与实验室代表简要沟通当天的评审情况。在最后一次评审组内部会结束后,评审组应与被评审实验室领导进行充分沟通,听取被评审实验室的意见,需要时解答被评审实验室代表关心的问题或消除双方观点的差异。

对于多场所实验室,在各分场所,评审组均应与实验室交换意见,通报评审中发现的问题。如果各场所在同一时间评审,则可以待各场所评审情况汇总后,统一开具不符合项报告,也可分别开具不符合报告。如果各场所不在同一时间评审,则各场所应就发现的问题分别开具不符合报告。

7. 末次会议

末次会议由评审组长主持,参会人员签署《现场评审会议签到表》。会议内容至少包括:

(1) 向实验室报告评审情况,对评审中发现的主要问题加以说明,确认不符合项。

(2) 宣布现场评审结论,提出整改要求及具体的整改完成时间和验证方式,并声明在需要时评审组还要回到评审现场对不符合项的整改情况进行核查。

(3) 告知实验室,后续可登录业务系统查看本次评审报告。

(4) 说明评审的局限性、时限性;抽样评审也存在着一定的风险,但评审组应尽量使这种抽样具备代表性,使评审结论公正和科学。

(5) 实验室对评审结论发表意见并签字。

(6) 介绍 CNAS 对认可实验室的有关管理规定。

(7) 说明若对评审组的表现不满意和/或对评审结论有疑义,可向 CNAS 反馈意见和/或申投诉(见 CNAS-R03《申诉、投诉和争议处理规则》)。

(8) 回收经实验室签署的《合格评定机构廉洁自律声明》。

注:评审组应注意将该声明的原件交回 CNAS 业务部门。

对于多场所实验室,各分场所实验室评审结束后,应统一召开末次会议,评审组全体成员应尽量参加,至少各分组组长(副组长)应参加(分批评审的除外)。对于实验室方面,至少应要求各分场所实验室主任参加最终的末次会议。末次会议可根据情况采用不同的方式召开,如可集中在总部召开,也可通过视频会议等方式进行。

评审组撤离现场前,应将经过实验室确认的评审报告正文、不符合项报告复印,留存实验室。由于特殊原因现场评审结束时不能留存的,应在评审结束后 5 个工作日内将上述资料反馈给实验室。

(四) 跟踪验证

对于评审中发现的不符合项,实验室要及时进行纠正,需要时采取纠正措施。一般情况下,CNAS 要求实验室实施整改的期限是 2 个月。但对于监督评审(含监督+扩项评审)和复评审(含复评+扩项评审)时涉及技术能力的不符合,要求在 1 个月内完成整改。

注:如果 CNAS 评审与其他部门委托或安排的评审联合进行,则实验室的整改期限取最短期限。

在以下情况下,评审组会对不符合项的整改考虑进行现场验证(一般情况下,现场验证由原评审组进行):

(1) 涉及影响结果的有效性和实验室诚信性的不符合项。

(2) 涉及环境设施不符合要求,并在短期内能够得到纠正的。

(3) 涉及仪器设备故障,并在短期内能够得到纠正的。

(4) 涉及人员能力,并在短期内能够得到纠正的。

(5) 对整改材料仅进行书面审查不能确认其整改是否有效的。

评审组对实验室提交的书面整改材料不满意的,也可能再进行现场核查。

对评审中发现不符合的整改,实验室不能仅进行纠正,要在纠正后充分查找问题形成的原因,需要时制定有效的纠正措施,以免类似问题再次发生。对于不符合项,仅进行纠正,无须采取纠正措施的情况很少发生。评审组在现场评审结束时形成的评审结论或推荐意见,有可能根据实验室的整改情况而进行修改,但修改的内容会通报实验室。

纠正/纠正措施验证完毕,评审组长将最终评审报告和推荐意见报 CNAS 秘书处。

七、认可评定

CNAS 秘书处对评审报告、相关信息及评审组的推荐意见进行符合性审查,将评审报告、相关信息及推荐意见提交给评定专门委员会。评定专门委员会对申请人与认可要求的符合性进行评价并作出评定结论。评定结论可以是以下 4 种情况之一:

(1) 予以认可。

(2) 部分认可。

(3) 不予认可。

(4) 补充证据或信息,再行评定。

CNAS 秘书长或授权人根据评定结论作出认可决定。

当 CNAS 对实验室作出不予认可或部分认可的决定后,实验室再次提交认可申请时,根据不同情况须满足以下要求:

(1) 由于诚信问题,如欺骗、隐瞒信息或故意违反认可要求、虚报能力等行为而不予认可的实验室,须在 CNAS 作出认可决定之日起 36 个月后,才能再次提交认可申请,同时CNAS 保留不再接受其认可申请的权利。

注:如果现场评审发现实验室多项申请认可的项目/参数明显不具备申请时所声明的能力,则适用此条,不适用(3)条。

(2) 由于实验室管理体系不能有效运行而不予认可的实验室,自作出认可决定之日起,实验室管理体系须有效运行 6 个月后,才能再次提交认可申请。

(3) 由于实验室申请认可的技术能力不能满足要求,例如人员、设备、环境设施等,而不予认可或部分认可的实验室,对于不予认可的技术能力须在自我评估满足要求后,才能再次提交认可申请,同时还须提供满足要求的相关证据。

注:此条仅适用于个别能力不予认可的情况,如果是多项能力不予认可,则适用于(1)条。

八、发证与公布

CNAS 秘书处会向获准认可实验室颁发认可证书以及认可决定通知书,并在 CNAS 网站公布相关认可信息。实验室可在 CNAS 网站"获认可机构名录"中查询。

目前 CNAS 实验室认可周期及认可证书有效期的规定见 CNAS-RL01《实验室认可规则》第 5.1.7 条的内容。

> **5.1.7　发证与公布**
>
> 5.1.7.1　CNAS 认可周期通常为 2 年,即每 2 年实施一次复评审,作出认可决定。
>
> 5.1.7.2　CNAS 秘书处向获准认可实验室颁发认可证书,认可证书有效期一般为 6 年。认可证书有效期到期前,如果获准认可实验室需继续保持认可资格,应至少提前 1 个月向 CNAS 秘书处表达保持认可资格的意向。
>
> 5.1.7.3　CNAS 秘书处根据实验室维持认可资格的意向,以及在认可证书有效期内历次评审的结果和历次认可决定,换发认可证书。
>
> 5.1.7.4　CNAS 秘书处负责公布获准认可实验室的认可状态信息、基本信息和认可范围并及时更新。
>
> 注 1:英文认可范围根据实验室自愿申请来提供。
>
> 注 2:CNAS 秘书处根据需要对认可范围采取预公布,保证准确性。

九、获得认可资格后的后续工作

(一)监督评审和复评审

为了证实获准认可实验室在认可有效期内能够持续地符合认可要求,CNAS 会对获准认可实验室安排定期监督评审。一般情况下,在初次获得认可后的 1 年(12 个月)内会安排 1 次定期监督评审,并根据实验室的具体情况(可查看 CNAS-RL01《实验室认可规则》第 5.3.2 条),安排不定期监督评审。

> **5.3.2　不定期监督评审**
>
> 5.3.2.1　在发生以下情况时(但不限于),CNAS 可视需要随时安排对实验室的不定期监督评审:
>
> a) CNAS 的认可要求发生变化;
>
> b) CNAS 秘书处认为需要对投诉或其他情况反映进行调查;
>
> c) 获准认可实验室发生本规则 9.1.1 条所述变化;

d) 获准认可实验室不能满足 CNAS 公布的能力验证领域和频次要求,或能力验证活动出现多次不满意结果;

　　e) 获准认可实验室因违反认可要求曾被暂停认可资格;

　　f) 获准认可实验室在行政执法检查中被发现存在较多问题;

　　g) 获准认可实验室在定期评审中被发现存在较多问题;

　　h) 获准认可实验室出具检测报告/校准证书/鉴定文书的数量增长速度与实验室资源不匹配;

　　i) CNAS 秘书处认为有必要进行的专项检查。

　　5.3.2.2　不定期监督评审方式可以是现场评审,也可以是其他评审方式,如文件评审等。

　　5.3.2.3　不定期监督评审的范围通常是认可范围以及认可要求的全部或部分内容。当不定期监督评审中发现不符合时,被评审实验室在明确整改要求后应实施纠正,需要时拟订并实施纠正措施,且纠正/纠正措施完成期限与定期监督评审要求一致。

　　已获准认可的实验室在认可批准后的第 2 年(24 个月内)进行第 1 次复评审。复评审每 2 年 1 次,2 次复评审的现场评审时间间隔不能超过 2 年(24 个月)。复评审范围涉及认可要求的全部内容、全部已获认可的技术能力。具体要求见 CNAS-RL01《实验室认可规则》第 5.4 条。

5.4　复评审

　　5.4.1　对于已获准认可的实验室,应每 2 年(每 24 个月)接受一次复评审,评审范围涉及认可要求的全部内容、已获认可的全部技术能力。

　　注 1:初次获准认可后,第 1 次复评审的时间是在认可批准之日起 2 年(24 个月)内。

　　注 2:两次复评审的现场评审时间间隔不能超过 2 年(24 个月)。

　　注 3:除不可抗力因素外,复评审一般不允许延期进行。

　　5.4.2　复评审不需要获准认可实验室提出申请。

　　5.4.3　复评审采用现场评审的方式,评审要求和现场评审程序与初次认可相同。对于现场评审中发现不符合项的整改时限和要求与定期监督评审相同,按 5.3.1.3 条执行。

　　定期监督评审或复评审无须实验室申请,但必须进行现场评审,监督的重点是核查获准认可实验室管理体系的维持情况。定期监督评审或复评审的截止日期在 CNAS 秘书处向实验室发放的"认可决定通知书"中标明,实验室要予以关注。

　　实验室无故不按期接受定期监督评审或复评审,将被暂停认可资格。如果实验室确因特殊原因不能按期接受定期监督评审或复评审,则需向 CNAS 秘书处提交书面延期申请,说明延期原因及延期期限,经审批后方可延期。一般情况下,延期不允许超过 2 个月。

　　不定期监督评审根据具体情况安排现场评审或其他评审(如文件评审)。涉及实验室技术能力的变更,则需要安排现场评审确认。

　　当不定期监督评审与定期监督评审、复评审相距时间较近时,双方协商后也可合并安排。

（二）扩大认可范围

实验室获得认可后，可根据自身业务的需要，随时提出扩大认可范围申请，申请的程序和受理要求与初次申请相同，但在填写认可申请书时可仅填写扩大认可范围的内容。扩大认可范围的相关要求请参见 CNAS-RL01《实验室认可规则》第 5.2.1 条。

> **5.2.1** 获准认可实验室在认可有效期内可以向 CNAS 秘书处提出扩大认可范围的申请。
>
> 注：对于不能满足认可要求或违反认可规定而被暂停认可的实验室，在其恢复认可资格前，CNAS 不受理其扩大认可范围申请。

实验室扩大认可范围应该是有计划的活动，要在对拟扩大的能力进行充分的验证并确认满足要求后，再提交扩大认可范围申请。如果希望与定期监督或复评审合并进行，则应提前 3 个月提交扩项申请，以免定期监督/复评审已完成现场评审通知而来不及合并。

（三）认可变更

实验室获得认可后，有可能会发生实验室名称、地址、组织机构、技术能力（如主要人员、认可方法、设备、环境等）等变化的情况，这些变化均要及时通报给 CNAS 秘书处，具体要求可参见 CNAS-RL01《实验室认可规则》第 9 条。

> **9 认可变更的要求**
> **9.1 获准认可实验室的变更**
> **9.1.1 变更通知**
> 获准认可实验室如发生下列变化，应在 20 个工作日内通知 CNAS 秘书处：
> a) 获准认可实验室的名称、地址、法律地位和主要政策发生变化；
> b) 获准认可实验室的组织机构、高级管理和技术人员、授权签字人发生变更；
> c) 认可范围内的检测/校准/鉴定依据的标准/方法、重要试验设备、环境、检测/校准/鉴定工作范围及有关项目发生改变；
> d) 其他可能影响其认可范围内业务活动和体系运行的变更。
> 注 1：获准认可实验室的名称、地址、检测/校准/鉴定依据的标准/方法、授权签字人等发生变更，应填写并提交《变更申请书》。
> 注 2：获准认可实验室的其他信息（如联系人、联系方式等）发生变更，应及时更新。
> **9.1.2 变更的处理**
> 9.1.2.1 CNAS 秘书处在得到变更通知并核实情况后，CNAS 视变更性质可以采取以下措施：
> a) 进行监督评审或复评审；
> b) 维持、扩大、缩小、暂停或撤销认可；
> c) 对新申请的授权签字人进行考核；
> d) 对变更情况进行登记备案。

9.1.2.2　当实验室的环境发生变化，如搬迁，实验室除按 9.1.1 条规定通报 CNAS 秘书处外，还应立即停止使用认可标识/联合标识，并制定相应的验证计划，保留相关记录，待 CNAS 确认后，方可继续（恢复）在相应领域内使用认可标识/联合标识。

9.1.2.3　当实验室发生 9.1.1 条所述变更但未及时或如实通报 CNAS 秘书处，或对于需要 CNAS 确认但尚未获得 CNAS 确认，就使用认可标识/联合标识时，CNAS 将视情况作出告诫、暂停或撤销认可处理。

9.2　认可规则、认可准则的变更

9.2.1　当认可规则、认可准则、认可要求发生变更时，CNAS 秘书处应及时通知可能受到影响的获准认可实验室和有关申请人，说明认可规则、认可准则以及有关要求所发生的变化。

9.2.2　当认可条件和认可准则发生变化时，CNAS 应制订并公布向新要求转换的政策和期限，在此之前要听取各有关方面的意见，以便让获准认可实验室有足够的时间适应新的要求。CNAS 可以通过监督评审或复评审的方式对获准认可实验室与新要求的符合性进行确认，在确认合格后方能维持认可。

9.2.3　获准认可实验室在完成转换后，应及时通知 CNAS 秘书处。获准认可实验室如在规定期限内不能完成转换，CNAS 可以暂停、撤销认可。

变更发生后，实验室从 CNAS 网站下载并填写《变更申请书》；提交变更申请后，在 CNAS 秘书处确认变更前，实验室不能就变更后的内容使用认可标识。

注 1：实验室要保证《变更申请书》所填写信息真实、准确，并承担由于信息提供虚假或不准确而造成的一切后果和责任。

注 2：与扩项评审同时申请变更，不必再单独填写《变更申请书》。

发生变更后，实验室要对变更后是否持续满足 CNAS 的认可要求进行确认。针对实验室提出的认可标准、授权签字人的变更，CNAS 秘书处采取不同的方式进行确认（政策可能不断变化，以 CNAS 最新政策为准）：

（1）对于授权签字人变更，获认可超过 6 年（包括 6 年）的实验室，实施备案管理，直接获得批准。（出处：认可委（秘）〔2015〕117 号）

（2）对于标准变更，获得认可超过 2 年（包括 2 年）的机构，可实施备案管理，获得批准后直接公布。（出处：认可委（秘）〔2021〕54 号）

（3）对于已经启动评审任务的授权签字人或标准变更，将安排评审组于现场评审时予以确认，待确认后予以批准。

（4）对于直接公布的变更，如果在后续的现场评审确认时发现不具备变更后能力的，将撤销相应的能力，情节严重时可能导致暂停或撤销认可资格。

不满足变更备案条件的实验室，需要通过不定期监督评审，对申请的变更事项予以确认。

一般情况下，对于检测/校准/鉴定环境变化（指搬迁），需通过现场评审予以确认。经双方协商，CNAS 安排的变更确认也可与定期监督评审或复评审合并进行。

在认可有效期内，实验室如果要缩小认可范围或不再保留认可资格，要向 CNAS 秘书处提交书面申请,并明确缩小认可的范围。实验室如果不能持续符合认可要求,CNAS 将对实验室采取暂停或撤销认可的处理,具体要求可参见 CNAS-RL01《实验室认可规则》第 10.2、10.4 条。

10.2 暂停认可

10.2.1 获准认可实验室由于自身原因主动申请,或不能持续地符合 CNAS 认可条件和要求,例如:

a) 被告诫的实验室在规定期限内未对其存在的问题,采取有效纠正或纠正措施,或告诫后在一个认可证书有效期内同类问题重复发生的。

b) 超范围使用认可标识/联合标识或错误声明认可状态,造成一定恶劣影响的。

c) 不能按期接受定期监督或复评审。

d) 不按时缴纳费用。

e) 监督评审或复评审现场评审过程中发现少量已获认可的技术能力不能维持或不能在规定的期限内完成纠正措施。

注:该条内容同样适用于监督十扩项评审、复评审十扩项评审时,少量申请认可的项目明显不具备能力的情况。

f) 实验室的技术能力,如:人员、设施、环境(如搬迁)、检测/校准/鉴定依据的方法、计量标准(数量较少)等发生变化,未按 9.1.1 条规定通报 CNAS 秘书处,或未经 CNAS 确认继续使用认可标识/联合标识。

g) 现场评审发现实验室的管理能力和/或技术能力不能满足认可要求。

注:实验室的管理能力和/或技术能力不能满足认可要求的情况,包括但不限于以下几种:

——实验室的管理体系运行较差,但问题的严重程度尚未达到撤销认可资格;

——不能满足能力验证要求;

——缺少少量检测/校准/鉴定设备;

——少数技术人员明显不满足相关认可要求;

——未经有效确认而不按检测/校准/鉴定标准/规程/规范操作,但尚未造成严重后果;

——对少数获准认可的技术能力不能有效管理;

——其他影响检测/校准/鉴定结果有效性的问题。

h) 当认可规则、认可要求和认可准则发生变化,获准认可实验室不能按时完成转换。

i) 未履行认可合同。

j) 获准认可实验室存在其他违反认可规定,但严重程度尚未达到撤销认可资格的情况。

CNAS 可以暂停实验室部分或全部认可范围,暂停期不大于 6 个月。

获准认可实验室在暂停期间不得在相关项目上发出带有认可标识/联合标识的报告或证书,也不得以任何明示或隐含的方式向外界表示被暂停认可的范围仍然有效。

10.4 撤销认可

10.4.1 在下列情况下,CNAS 应撤销认可:

a) 被暂停认可的获准认可实验室超过暂停期仍不能恢复认可。

b) 由于认可规则或认可准则变更,获准认可实验室不能或不愿继续满足认可要求。

c) 现场评审发现实验室的管理体系不能有效运行,且情节严重的。

d) 暂停期间或恢复认可后同类问题继续发生。

e) 获准认可实验室不能履行 CNAS 规则规定的义务。

f) 不接受或不配合专项监督和投诉调查。

g) 严重违反认可合同。

h) 现场评审发现实验室不具备相应技术能力。

注:实验室不具备相应技术能力,包括但不限于:

——缺少部分检测/校准/鉴定设备;

——部分技术人员明显不满足相关认可要求;

——未经有效确认而不按检测/校准/鉴定标准/规程/规范操作,影响检测/校准/鉴定结果有效性,情节严重的;

——对部分获准认可的技术能力不能有效管理,情节严重的;

——其他严重影响检测/校准/鉴定结果有效性的问题。

i) 超范围使用认可标识/联合标识或错误声明认可状态,造成严重影响的。

j) 发现获准认可实验室有恶意损害 CNAS 声誉行为。

k) 实验室存在不诚信行为,包括但不限于:弄虚作假,不如实作出承诺,或不遵守承诺,出具虚假报告/证书,存在欺骗、隐瞒信息或故意违反认可要求的行为等。

10.4.2 当 CNAS 对实验室作出撤销认可的决定后,实验室再次提交认可申请时,根据不同情况须满足以下要求:

a) 由于 10.4.1 条中 a) 原因撤销认可的,实验室在自我评估已满足要求后,可再次提交认可申请。

b) 由于 10.4.1 条中 b) 和 c) 原因撤销认可的,实验室须在作出认可决定之日起 6 个月后,才能再次提交认可申请。

c) 由于 10.4.1 条中 d) 和 e) 原因撤销认可的,实验室须在作出认可决定之日起 12 个月后,才能再次提交认可申请。

d) 由于 10.4.1 条中 f)、g)、h)、i)、j) 和 k) 原因撤销认可的,实验室须在作出认可决定之日起 36 个月后,才能再次提交认可申请,同时 CNAS 保留不再接受其认可申请的权力。

被暂停认可后,实验室如果要恢复认可,需书面/系统提交恢复认可申请。暂停期内,实验室如果不能恢复认可(完成评审、批准环节),则将被撤销认可。

附　录

附录一　CNAS-CL01-A002 与 CNAS-GL051 条款对照汇总表

CNAS-CL01-A002:2020	CNAS-GL051:2022
前言	前言
1　范围	1　范围
2　引用标准	2　规范性引用文件
3　术语和定义	3　术语和定义
4　通用要求	4　通用要求
5　结构要求	5　结构要求
5.2	5.2
6　资源要求	6　资源要求
6.2　人员	6.2　人员
6.2.2	6.2.2
6.2.3	—
6.2.3.1	—
6.2.3.2	—
6.2.3.3	—
6.2.5	6.2.5　c)
6.2.6	—
6.3　设施和环境条件	6.3　设施和环境条件
6.3.1	6.3.1
6.3.2	—
—	6.3.4
6.3.5	6.3.5
6.4　设备	6.4　设备
6.4.1	6.4.1
—	6.4.2
6.4.3.1	6.4.3
6.4.3.2	—
6.4.3.3	—

CNAS-CL01-A002:2020	CNAS-GL051:2022
—	6.4.4
6.4.8	—
6.4.10	—
6.5　计量溯源性	6.5　计量溯源性
—	6.5.2
6.6　外部提供的产品和服务	6.6　外部提供的产品和服务
6.6.2　c)	6.6.2　a)
7　过程要求	7　过程要求
7.1　要求、标书和合同的评审	7.1　要求、标书和合同的评审
7.1.1	7.1.1
—	a)
—	b)
—	7.1.5
—	7.1.6
7.2　方法的选择、验证和确认	7.2　方法的选择、验证和确认
7.2.1　方法的选择和验证	7.2.1
7.2.1.1	7.2.1.1
7.2.1.3	7.2.1.3
—	a)
—	b)
—	c)
7.2.1.5	7.2.1.5
7.2.2　方法确认	—
7.2.2.1	7.2.2.1
—	a)
—	b)
—	e)
—	f)
7.2.2.3	—
a)	—
b)	—
c)	—
7.3　抽样	7.3　抽样
7.3.1	7.3.1
—	7.3.2
7.3.3	—

化工产品热安全检测实验室认可实用手册

续表

CNAS-CL01-A002:2020	CNAS-GL051:2022
7.4 检测和校准物品的处置	7.4 检测或校准物品的处置
7.4.1	7.4.1
7.4.1.1	—
7.4.1.2	—
7.4.1.3	—
7.4.3	—
7.5 技术记录	7.5 技术记录
7.5.1	7.5.1
7.6 测量不确定度的评定	7.6 测量不确定度的评定
7.6.1	7.6.1
7.7 确保结果的有效性	7.7 确保结果的有效性
7.7.1	7.7.1
a)	a)
c)	—
d)	—
f)	f)
j)	j)
—	7.7.2
7.8 报告结果	7.8 报告结果
7.8.1.2	7.8.1.2
a)	—
b)	—
c)	—
d)	—
—	7.8.2.1 m)
—	7.8.2.2

附录二　化学物质和化学反应热危险性识别方法

一、化学物质热稳定性识别方法

(一) 识别分子中含有的热不稳定性原子基团

化学物质的热稳定性与其分子内存在的某些原子基团有关,这些原子基团在一定条件下会发生反应导致该化学物质所在体系的温度和压力迅速升高。因此,可通过分析化学物质分子结构中是否含有热不稳定的原子基团初步识别化学物质的热稳定性[26]。

1. 与爆炸属性相关的原子基团

附表 2-1　有机物中显示爆炸性的原子基团举例

结构特征	原子基团
C—C 不饱和键	乙炔、乙炔化物、1,2-二烯类
C—金属、N—金属	格利雅试剂、有机锂化物
相邻氮原子	叠氮化物、脂族偶氮化物、重氮盐类、肼类、磺酰肼类
相邻氧原子	过氧化物、臭氧化物
N—O	羟胺类、硝酸盐、硝基化物、硝酸酯基、亚硝基化物、氮氧化物、1,2-噁唑类
N—卤原子	氯胺类、氟胺类
O—卤原子	氯酸盐、过氯酸盐、亚碘酰化物

2. 显示自反应特性的原子基团

附表 2-2　有机物中显示自反应特性的原子基团举例

结构特征	原子基团
相互作用的原子团	氨基腈类、卤苯胺类、氧化酸的有机盐类
S=O	磺酰卤类、磺酰氰类、磺酰肼类
P—O	亚磷酸盐
绷紧的环	环氧化物、氮丙啶类
不饱和	链烯类、氰酸类

3. 可能具有聚合性的物质

可能具有聚合性的化学物质具有如下特征:

(1) 化学结构中含双键、三键或张力环,且含元素碳、氢、氧、氮,相对分子质量 $M(CHON)$ 未超过 150。

(2) 熔点在 50 ℃ 以上。

4. 可能具有氧化性的物质

可能具有氧化性的化学物质具有如下特征:化合物含有氧、氟或氯,且氧、氟或氯不与碳或氢键结合。

5. 有机过氧化物

有机过氧化物是指分子中含有—O—O—过氧官能团的有机化合物,其种类主要包括:

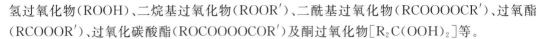

氢过氧化物（ROOH）、二烷基过氧化物（ROOR′）、二酰基过氧化物（RCOOOOCR′）、过氧酯（RCOOOR′）、过氧化碳酸酯（ROCOOOOCOR′）及酮过氧化物[$R_2C(OOH)_2$]等。

（二）氧平衡法

对于有机物,分子中都含有一定数量的碳、氢原子,也含有一定数量的氧原子,但发生反应时就会出现碳、氢、氧的数量不完全匹配的情况。氧平衡就是衡量物质中所含的氧与将可燃元素完全氧化所需要的氧两者是否平衡的问题。所谓完全氧化,就是碳原子完全氧化生成二氧化碳,氢原子完全氧化生成水。根据所含氧的多少,可以将物质的氧平衡分为3种不同的情况。

(1) 零氧平衡:物质中所含的氧元素刚好够将可燃元素完全氧化。

(2) 正氧平衡:物质中所含的氧元素将可燃元素完全氧化后还有剩余。

(3) 负氧平衡:物质中所含的氧元素不足以将可燃元素完全氧化。

对于任意一种化学物质 $C_xH_yN_uO_z$,氧平衡值(OB)按照下式进行计算:

$$OB = \frac{-1\,600 \times (2x + 0.5y - z)}{M}$$

式中,M 为物质的相对分子质量,x 为碳原子数,y 为氢原子数,z 为氧原子数。

氧平衡与化学物质热危险性程度的关系见附表 2-3。

附表 2-3　氧平衡值(OB)与热危险性程度的关系[27]

$OB/[g\ O_2 \cdot (100\ g)^{-1}]$	$-120 \sim 80$	$80 \sim 160$ 或 $-240 \sim -120$	>160 或 <-240
危险程度	高	中	低

由于氧平衡值的评价方法基于热力学原理,与化学反应的动力学无关,不能用于确定物质的热危险性,因此,对化学物质进行热危险性评价,除了进行理论预测以外,还需要进行热危险性的试验探究。

二、化学反应热安全性风险识别方法

（一）预测反应热

对反应体系所涉及的所有化学反应,包括主化学反应和可能发生的副反应,都应进行反应热测量或计算。可通过查阅相关文献资料和采用反应热计算软件(例如量子化学软件Gaussian 09W)获取反应热数据。

（二）测算最大绝热温度

测算反应热时先假定系统处于绝热状态没有热量散发出去,并且反应物实际上百分之百地参与反应。如果最大绝热反应温度超过反应混合物的沸点,反应在密闭容器进行就会产生压力,因而必须对安全保护装置进行严格评估,防止反应失控(参见 GB/T 42300—2022 第 6.3、6.4 条)。

（三）确定各组分的稳定性

可以通过查阅文献、咨询供应商或做试验确定各组分的稳定性。注意:单组分的稳定性并不代表反应混合物的稳定性,因为单组分稳定不能说明组分间是否存在某种反应,也不能说明各组分结合在一起是否会促使某一组分分解。但了解了单组分的稳定性,就可以知道反应混合物中的任何单个组分在理论上可以达到的温度下是否可能分解。如果在最大绝热反应温度下某一组分可能发生分解,就必须掌握该组分的性质,评估是否需要安全保护装置,包括紧急泄压系统。

（四）掌握最大绝热温升条件下反应混合物的稳定性

除了预期的反应之外,还应考虑最大绝热反应温度下是否还会发生任何其他化学反应,尤其是是否可能产生气态产物。应特别关注分解反应和产生气态产物的反应,因为少量液相反应物可以产生体积巨大的气体,导致密闭容器压力迅速升高。如有可能,还需弄清这些反应对所用防护措施带来的影响,包括紧急压力释放系统。要弄清各组分混合物的稳定性,尚需在实验室进行相关试验。

（五）确定实验装置的附加热和传热能力

确定实验装置的反应器搅拌条件变化对传热能力的影响。反应器物料的液位、搅拌、内外传热表面的污垢、冷热传递介质温度的变化、冷热传递流体流率的变化等因素对传热能力的影响应纳入考虑的范围。

（六）识别潜在的反应污染物

可能混入反应体系的污染物不容忽视,如空气、水、铁锈、油和油脂等都可能成为污染物。工艺用水中普遍存在钠、钙和其他离子,虽然这些离子只是痕量,但可能对反应系统具有催化作用,加速某些有害反应。不管是在正常条件下还是在最大绝热反应温度下,确定这些物质是否会对某一反应产生催化作用,对于系统安全都是很重要的。

（七）考虑操作偏差可能带来的影响

反应系统运行时,具体操作、预定反应物加料量和操作条件可能出现偏差,这种偏差可能影响反应器中发生的化学过程。例如,投料过量部分可能与预期反应的产物或与反应体系的溶剂反应,引发意想不到的剧烈化学反应,产生气体或不稳定的产物。此外,还需考虑失去冷却、搅拌、温度控制、溶剂或流态化介质不足,以及管线系统倒流或储罐倒灌的影响。可以利用危害和可操作性分析方法（HAZOP）[28]来研究操作偏差产生的原因、带来的影响及相应的控制措施。

（八）掌握化学反应的速度

对一个反应系统来讲,必须了解反应物的消耗速度和化学反应速度随温度变化而发生的变化。热量测定试验可用来评估热危害,其试验数据可用于动力学模型的建立（参见GB/T 42300—2022 第6.5、第6.6条）。

（九）识别预期和非预期反应产物的危害

预期的反应或可能的非预期反应有可能形成黏稠物、固体物、气体、腐蚀性产物、高毒产物等,它们可能会对反应系统或装置设备造成危害。如果在反应设备中发现了出乎意料的物质,应该确定它是什么物质以及这种物质可能对系统有什么危害和影响。

附录三 常见危险工艺的危害特点

工艺名称	工艺简介	工艺危险特点
光气及光气化工艺	光气及光气化工艺包含光气的制备工艺,以及以光气为原料制备光气化产品的工艺路线。光气化工艺主要分为气相和液相两种	(1) 光气为剧毒气体,在储运、使用过程中发生泄漏后,易造成大面积污染、中毒事故。 (2) 反应介质具有燃爆危险性。 (3) 副产物氯化氢具有腐蚀性,易造成设备和管线泄漏,使人员发生中毒事故
电解工艺	电流通过电解质溶液或熔融电解质时,在两个电极上所引起的化学变化称为电解反应。涉及电解反应的工艺过程为电解工艺。许多基本化学工业产品(如氢气、氧气、氯气、烧碱、过氧化氢等)的制备是通过电解实现的	(1) 电解食盐水过程中产生的氢气是极易燃烧的气体,氯气是氧化性很强的剧毒气体,两种气体混合极易发生爆炸,当氯气中含氢气量达到5%(体积分数)以上时,随时可能在光照或受热情况下发生爆炸。 (2) 如果盐水中存在的铵盐超标,在适宜的条件(pH<4.5)下,铵盐和氯作用可生成氯化铵,浓氯化铵溶液与氯还可生成黄色油状的三氯化氮。三氯化氮是一种爆炸性物质,与许多有机物接触或加热至90℃以上以及被撞击、摩擦等,即发生剧烈的分解而爆炸。 (3) 电解溶液腐蚀性强。 (4) 液氯的生产、储存、包装、运输可能发生泄漏
氯化工艺	氯化是化合物的分子中引入氯原子的反应。包含氯化反应的工艺过程为氯化工艺,主要包括取代氯化、加成氯化、氧氯化等	(1) 氯化反应是一个放热过程,尤其在较高温度下进行氯化时,反应更为剧烈,速度快,放热量较大。 (2) 所用的原料大多具有燃爆危险性。 (3) 常用的氯化剂氯气本身为剧毒化学品,氧化性强,储存压力较高;多数氯化工艺采用液氯生产时是先汽化再氯化,一旦泄漏,危险性较大。 (4) 氯气中的杂质如水、氢气、氧气、三氯化氮等,在使用中易发生危险,特别是三氯化氮积累后,容易引发爆炸危险。 (5) 生成的氯化氢气体遇水后腐蚀性强。 (6) 氯化反应尾气可能形成爆炸性混合物
硝化工艺	硝化是有机化合物分子中引入硝基(—NO₂)的反应,最常见的是取代反应。硝化方法可分成直接硝化法、间接硝化法和亚硝化法,分别用于生产硝基化合物、硝胺、硝酸酯和亚硝基化合物等。涉及硝化反应的工艺过程为硝化工艺	(1) 反应速度快,放热量大。大多数硝化反应是在非均相中进行的,反应组分的不均匀分布容易引起局部过热导致危险。尤其在硝化反应开始阶段,停止搅拌或由于搅拌叶片脱落等造成搅拌失效是非常危险的,一旦搅拌再次开动,就会突然引发局部激烈反应,瞬间释放大量的热,引起爆燃事故。 (2) 反应物料具有燃爆危险性。 (3) 硝化剂具有强腐蚀性、强氧化性,与油脂、有机化合物(尤其是不饱和有机化合物)接触能引起燃烧或爆炸。 (4) 硝化产物、副产物具有爆炸危险性

工艺名称	工艺简介	工艺危险特点
合成氨工艺	氮和氢两种组分按一定比例(1:3,体积比)组成的气体(合成气),在高温、高压(一般为 400～450 ℃,15～30 MPa)下经催化反应生成氨的工艺过程	(1) 高温、高压使可燃气体爆炸极限扩宽,气体物料一旦过氧(亦称透氧),极易在设备和管道内发生爆炸。 (2) 高温、高压气体物料从设备管线泄漏时会迅速膨胀并与空气混合形成爆炸性混合物,遇到明火或因高流速物料与裂(喷)口处摩擦产生静电火花会引起着火和空间爆炸。 (3) 气体压缩机等转动设备在高温下运行会使润滑油挥发裂解,在附近管道内造成积炭,可导致积炭燃烧或爆炸。 (4) 高温、高压可加速设备金属材料发生蠕变,改变金相组织,还会加剧氢气、氮气对钢材的氢蚀及渗氮,加剧设备的疲劳腐蚀,使其机械强度减弱,引发物理爆炸。 (5) 液氨大规模事故性泄漏会形成低温云团引起大范围人群中毒,遇明火还会发生空间爆炸
裂解(裂化)工艺	裂解是指石油系的烃类原料在高温条件下发生碳链断裂或脱氢反应,生成烯烃及其他产物的过程。产品以乙烯、丙烯为主,同时副产丁烯、丁二烯等烯烃和裂解汽油、柴油、燃料油等产品	(1) 在高温(高压)下进行反应,装置内的物料温度一般超过其自燃点,若漏出,会立即引起火灾。 (2) 炉管内壁结焦会使流体阻力增加,影响传热。当焦层达到一定厚度时,因炉管壁温度过高而不能继续运行下去,必须进行清焦,否则会烧穿炉管,使裂解气外泄,引起裂解炉爆炸。 (3) 如果由于断电或引风机机械故障而引风机突然停转,则炉膛内很快变成正压,会从窥视孔或烧嘴等处向外喷火,严重时会引起炉膛爆炸。 (4) 如果燃料系统大幅度波动,燃料气压力过低,则可能造成裂解炉烧嘴回火,使烧嘴烧坏,甚至会引起爆炸。 (5) 有些裂解工艺产生的单体会自聚或爆炸,需要向生产的单体中加阻聚剂或稀释剂等
氟化工艺	氟化是化合物的分子中引入氟原子的反应,涉及氟化反应的工艺过程为氟化工艺。氟与有机化合物作用是强放热反应,放出的大量热可使反应物分子结构遭到破坏,甚至着火爆炸。氟化剂通常为氟气、卤族氟化物、惰性元素氟化物、高价金属氟化物、氟化氢、氟化钾等	(1) 反应物料具有燃爆危险性。 (2) 氟化反应为强放热反应,不及时排除反应热量易导致超温超压,引发设备爆炸事故。 (3) 多数氟化剂具有强腐蚀性、剧毒,在生产、贮存、运输、使用等过程中容易因泄漏、操作不当、误接触以及其他意外而造成危险
加氢工艺	加氢是在有机化合物分子中加入氢原子的反应,涉及加氢反应的工艺过程为加氢工艺,主要包括不饱和键加氢、芳环化合物加氢、含氮化合物加氢、含氧化合物加氢、氢解等	(1) 反应物料具有燃爆危险性,如氢气的爆炸极限为 4%～75%(体积分数),具有高燃爆危险特性。 (2) 加氢为强烈的放热反应,氢气在高温高压下与钢材接触,钢材内的碳分子易与氢气发生反应生成碳氢化合物,使钢制设备强度降低,发生氢脆。 (3) 催化剂再生和活化过程中易引发爆炸。 (4) 加氢反应尾气中有未完全反应的氢气和其他杂质在排放时易引发着火或爆炸

续表

工艺名称	工艺简介	工艺危险特点
重氮化工艺	重氮化是一级胺与亚硝酸在低温下作用,生成重氮盐的反应。脂肪族、芳香族和杂环的一级胺都可以进行重氮化反应。涉及重氮化反应的工艺过程为重氮化工艺。通常重氮化试剂是由亚硝酸钠和盐酸作用临时制备的。除盐酸外,也可以使用硫酸、高氯酸和氟硼酸等无机酸。脂肪族重氮盐很不稳定,即使在低温下也能迅速自发分解,但芳香族重氮盐较为稳定	(1) 重氮盐在温度稍高或光照的作用下,特别是含有硝基的重氮盐极易分解,有的甚至在室温下就能分解。在干燥状态下,有些重氮盐不稳定,活性强,受热或摩擦、撞击等作用能发生分解甚至爆炸。 (2) 重氮化生产过程所使用的亚硝酸钠是无机氧化剂,在175 ℃时能发生分解,有机物反应导致着火或爆炸。 (3) 反应原料具有燃爆危险性
氧化工艺	氧化是指有电子转移的化学反应中失电子的过程,即氧化数升高的过程。多数有机化合物的氧化反应表现为反应原料得到氧或失去氢。涉及氧化反应的工艺过程为氧化工艺。常用的氧化剂有空气、氧气、双氧水、氯酸钾、高锰酸钾、硝酸盐等	(1) 反应原料及产品具有燃爆危险性。 (2) 反应气相组成容易达到爆炸极限,具有闪爆危险。 (3) 部分氧化剂具有燃爆危险性,如氯酸钾、高锰酸钾、铬酸酐等都属于氧化剂,如果遇高温或受到撞击、摩擦,以及与有机物、酸类接触,皆能引发火灾甚至爆炸。 (4) 产物中易生成过氧化物,化学稳定性差,受高温、摩擦或撞击作用易分解、燃烧或爆炸
过氧化工艺	向有机化合物分子中引入过氧基(—O—O—)的反应称为过氧化反应,得到的产物为过氧化物的工艺过程为过氧化工艺	(1) 过氧化物都含有过氧基(—O—O—),属含能物质,由于过氧键结合力弱,断裂时所需的能量不大,对热、振动、冲击或摩擦等都极为敏感,极易分解甚至爆炸。 (2) 过氧化物与有机物、纤维接触时易发生氧化,产生火灾。 (3) 反应气相组成容易达到爆炸极限,具有燃爆危险
胺基化工艺	胺化是在分子中引入胺基($R_2N—$)的反应,包括烃类化合物 R—CH$_3$(R 为氢、烷基、芳基)在催化剂存在下,与氨和空气的混合物进行高温氧化,生成腈类等化合物的反应。涉及上述反应的工艺过程为胺基化工艺	(1) 反应介质具有燃爆危险性。 (2) 在常压、20 ℃时,氨气的爆炸极限为 15%～27%(体积分数),随着温度、压力的升高,爆炸极限的范围增大。因此,在一定的温度、压力和催化剂的作用下,氨的氧化反应放出大量热,一旦氨气与空气比失调,就可能发生爆炸事故。 (3) 由于氨呈碱性,具有强腐蚀性,在混有少量水分或湿气的情况下无论是气态或液态氨都会与铜、银、锡、锌及其合金发生化学作用。 (4) 氨易与氧化银或氧化汞反应,生成爆炸性化合物(雷酸盐)
磺化工艺	磺化是向有机化合物分子中引入磺酰基(—SO$_3$H)的反应。磺化方法分为三氧化硫磺化法、共沸去水磺化法、氯磺酸磺化法、烘焙磺化法和亚硫酸盐磺化法等。涉及磺化反应的工艺过程为磺化工艺。磺化反应除了增加产物的水溶性和酸性外,还可以使产品具有表面活性。芳烃经磺化后,其中的磺酸基可进一步被其他基团[如羟基(—OH)、氨基(—NH$_2$)、氰基(—CN)等]取代,生产多种衍生物	(1) 原料具有燃爆危险性;磺化剂具有氧化性、强腐蚀性;如果投料顺序颠倒、投料速度过快、搅拌不良、冷却效果不佳等,都有可能造成反应温度异常升高,使磺化反应变为燃烧反应,引起火灾或爆炸事故。 (2) 氧化硫易冷凝堵管,泄漏后易形成酸雾,危害较大

工艺名称	工艺简介	工艺危险特点
聚合工艺	聚合是一种或几种小分子化合物变成大分子化合物(也称高分子化合物或聚合物,通常相对分子质量为 $1×10^4$ ~ $1×10^7$)的反应。涉及聚合反应的工艺过程称为聚合工艺。聚合工艺的种类很多,按聚合方法可分为本体聚合、悬浮聚合、乳液聚合、溶液聚合等	(1)聚合原料具有自聚和燃爆危险性。 (2)如果反应过程中热量不能及时移出,则随物料温度上升,会发生裂解和暴聚,所产生的热量使裂解和暴聚过程进一步加剧,进而引发反应器爆炸。 (3)部分聚合助剂危险性较大
烷基化工艺	把烷基引入有机化合物分子中的碳、氮、氧等原子上的反应称为烷基化反应。涉及烷基化反应的工艺过程称为烷基化工艺,可分为 C-烷基化反应、N-烷基化反应、O-烷基化反应等	(1)反应介质具有燃爆危险性。 (2)烷基化催化剂具有自燃危险性,遇水剧烈反应,放出大量的热,容易引起火灾甚至爆炸。 (3)烷基化反应都是在加热条件下进行的,原料、催化剂、烷基化剂等加料次序颠倒、加料速度过快或者搅拌中断或停止等异常现象容易引起局部剧烈反应,造成跑料,引发火灾或爆炸事故
偶氮化工艺	合成通式为 R—N═N—R 的偶氮化合物的反应为偶氮化反应,其中 R 为脂烃基或芳烃基,两个 R 基可相同或不同。涉及偶氮化反应的工艺过程称为偶氮化工艺。脂肪族偶氮化合物由相应的肼经过氧化或脱氢反应制取。芳香族偶氮化合物一般由重氮化合物的偶联反应制备	(1)部分偶氮化合物极不稳定,活性强,受热或摩擦、撞击等作用能发生分解甚至爆炸。 (2)偶氮化生产过程所使用的肼类化合物高毒,具有腐蚀性,易发生分解爆炸,遇氧化剂能自燃。 (3)反应原料具有燃爆危险性

附录四　作业安全分析(JAS)

一、JAS 的定义

作业安全分析(job safety analysis,JSA)是用来评估任何与确定的活动相关的潜在危害,保证风险最小化的方法。它是一种用于评估与作业有关的基本风险分析工具,可确保风险得到有效控制。

二、JAS 的实施流程

JSA 的实施流程如附图 4-1 所示。

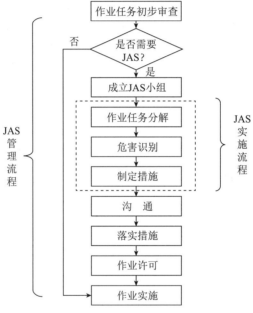

附图 4-1　JSA 的实施流程图

三、JAS 的步骤

JAS 一般在控制室或作业现场进行,对于大型或复杂的作业任务,初始的 JAS 可以在办公室以桌面演练的方式进行。JAS 的关键是应由熟悉现场作业和设备、有经验的人员进行。

JAS 通常采取下列步骤:

(1) 实施作业任务的小组成员负责准备 JAS,将作业任务分解成几个关键的步骤,并将其记录在安全分析表中(参见附表 4-1)。

(2) JAS 小组成员(通常 3~4 人)要求有相关的经验。对于化工产品热安全检测领域实验室,建议:

① JAS 小组组成:由实验室的技术负责人或具有丰富检测工作经历和经验的关键检测人员担任,应具备做 JAS 分析的能力。

附表 4-1 安全分析表(范例)

步骤	步骤描述	潜在危害	现有控制措施	建议进一步控制措施	负责人	完成日期	签名
作业安全分析表/JOB SAFETY ANALYSIS WORKSHEET				日期:			
作业名称:				JAS 小组成员:			
1							
2							
3							
4							
5							
6							
7							
8							
9							
...							

②JAS 小组成员:建议至少由 3~5 名实验室检测相关人员组成,通常根据检测任务确定小组成员。

③JAS 小组应具备的能力:熟悉 JAS 分析方法、检测任务、检测样品信息、检测设施和环境、检测设备,以及检测方法。

(3)审查每一步作业,分析哪一个环节会出现问题并列出相应的危害。JAS 小组可以使用由专业人员针对具体作业任务而制定的危害检查清单。

(4)针对每一个危害,对现有的控制措施的有效性进行评估。

(5)对于那些需要采取进一步控制措施的危害,可通过提问"针对这项危害,我们还能做些什么以将风险控制在更低的范围?"来考虑在安全分析表内增加进一步的控制措施。

(6)审查完所有作业步骤后,安全管理人员应将所有已识别的控制措施在安全分析表中列出,包括作业危害、控制要求、在作业期间由谁负责实施执行等。

(7)安全管理人员应将所有 JAS 文件存档,如果某项作业任务以后还有可能进行,则应考虑建立 JAS 数据库,以备将来审查时借鉴和使用。

(8)作业任务的负责人应向所有参与作业的人员介绍作业危害、控制措施和限制,确保所有控制措施都按照 JAS 的要求及时实施。

附录五　危险化学品和危险工艺相关法律法规

一、相关法律法规及规章

《危险化学品安全管理条例》(国务院令第 591 号,第 645 号令修订)

《危险化学品安全使用许可证实施办法》(国家安全监管总局令第 57 号)

二、标准规范

GB 15603—2022《危险化学品仓库储存通则》

GB 18218—2018《危险化学品重大危险源辨识》

GB/T 29304—2012《爆炸危险场所防爆安全导则》

GB 30077—2023《危险化学品单位应急救援物资配备要求》

GB 36894—2018《危险化学品生产装置和储存设施风险基准》

三、规范性文件

《国家安全监管总局关于公布首批重点监管的危险化工工艺目录的通知》(安监总管三〔2009〕116 号)

《关于公布首批重点监管的危险化学品名录的通知》(安监总管三〔2011〕95 号)

《关于开展提升危险化学品领域本质安全水平专项行动的通知》(安监总管三〔2012〕87 号)

《国家安全监管总局关于公布第二批重点监管危险化工工艺目录和调整首批重点监管危险化工工艺中部分典型工艺的通知》(安监总厅管三〔2013〕3 号)

《国家安全监管总局关于公布第二批重点监管危险化学品名录的通知》(安监总管三〔2013〕12 号);

《关于进一步加强危险化学品建设项目安全设计管理的通知》(安监总管三〔2013〕76 号)

《关于加强化工过程安全管理的指导意见》(安监总管三〔2013〕88 号)

《危险化学品目录(2015 版)》

《危险化学品分类信息表(2015 版)》

《国家安全监管总局关于加强精细化工反应安全风险评估工作的指导意见》(安监总管三〔2017〕1 号)

《全国安全生产专项整治三年行动计划》(安委〔2020〕3 号)

《全国危险化学品安全风险集中治理方案》(安委〔2021〕12 号)

附录六　涉及危险化学品的危险性和处置要求

一、过氧化二叔丁基(DTBP)

基本信息		
中文名称	过氧化二叔丁基	
英文名称	Di-tert-butyl peroxide	
中文别名	过氧化二特丁基	
英文别名	Tert-butyl peroxide	
分子式	$C_8H_{18}O_2$	相对分子质量　146.26
CAS 号	110-05-4	
主要用途	用作高压聚乙烯、合成橡胶、合成树脂的引发剂,光聚合敏化剂,柴油点火促进剂,也用于有机合成	
理化特性		
外观与性状	无色或浅黄色透明液体	
溶解性	不溶于水,溶于苯乙烯、酮类及烃类	
熔点/℃	−40	相对密度(水的为 1)　0.794
沸点/℃	111	相对蒸气密度(空气的为 1)　5.03
饱和蒸气压/kPa	2.59(20 ℃)	闪点/℃　12
危险性概述		
危险性类别	二叔丁基过氧化物(52%＜含量≤100%),有机过氧化物,E 型; 二叔丁基过氧化物(含量≤52%,含 B 型稀释剂≥48%),有机过氧化物,F 型	
健康危害	大鼠经口 LD_{50}:＞25 000 mg/kg;小鼠经口 LD_{50}:216.4 mg/kg。 高浓度吸入 DTBP 蒸气对鼻、喉和肺有轻度刺激性,对眼和皮肤有轻度刺激性,口服刺激消化道	
燃烧与爆炸危险性	易燃,蒸气与空气能形成爆炸性混合物,遇明火、高热能引起燃烧爆炸	
活性反应	遇热、光照、摩擦、振动或杂质污染均会发生剧烈分解,甚至爆炸。属强氧化剂,接触还原剂、硫氰酸盐、有机物、可燃物或受金属离子杂质污染,会引起燃烧、爆炸	
急救措施		
皮肤接触	脱去污染的衣着,用肥皂水和清水冲洗。如果有不适感,就医	
眼睛接触	分开眼睑,用流动清水或生理盐水冲洗。如果有不适感,就医	
吸　入	迅速脱离现场至空气新鲜处。保持呼吸道通畅。如果呼吸困难,给输氧。如果呼吸停止,立即进行心肺复苏,就医	
食　入	漱口,饮水或给服活性炭悬液,就医	

续表

消防措施	
危害特性	它的蒸气与空气可形成爆炸性混合物,遇明火、高热能引起燃烧爆炸。与还原剂、促进剂、有机物、可燃物等接触会发生剧烈反应,有燃烧爆炸的危险
有害燃烧产物	一氧化碳、二氧化碳
灭火方法	消防人员须佩戴空气呼吸器,穿全身消防服,在上风向灭火。遇大火,消防人员须在有掩蔽处操作。尽可能将容器从火场移至空旷处。在物料附近着火时,须用水保持容器冷却。处在火场中的容器若发生异常变化或发出异常声音,须马上撤离。用水、泡沫、干粉灭火,禁止用砂土压盖
泄漏应急处置	
应急处理	根据液体流动和蒸气扩散的影响区域划定警戒区,无关人员从侧风、上风向撤离至安全区。消除所有点火源。应急人员应佩戴自给式呼吸器,穿防静电服。使用防爆等级达到要求的通信工具。采取关闭阀门或堵漏等措施切断泄漏源。构筑围堤或挖坑收容泄漏物,防止其流入河流、下水道、排水沟等地方。用泡沫覆盖泄漏物,减少挥发。用喷雾状水驱散、稀释挥发的蒸气。用惰性、潮湿的不燃材料吸收泄漏物,严禁用锯末或其他可燃吸收剂,用塑料铲收集于塑料桶内

二、偶氮二异丁腈(AIBN)

基本信息		
中文名称	2,2′-偶氮二异丁腈	
英文名称	2,2′-Azodiisobutyronitrile	
中文别名	发泡剂 N	
英文别名	Foaming agent N	
分 子 式	$C_8H_{12}N_4$	相对分子质量	164.21
CAS 号	78-67-1	
主要用途	用作生产泡沫橡胶和泡沫塑料的发泡剂,也用作自由基聚合反应的引发剂	
理化特性		
外观与性状	白色针状结晶或粉末	
溶解性	不溶于水,溶于乙醇、乙醚、甲苯和苯胺等	
熔点/℃	110(分解)	
危险性概述		
危险性类别	自反应物质和混合物,C 型;危害水生环境-长期危害,类别 3	
健康危害	大鼠经口 LD_{50}:100 mg/kg;大鼠吸入 LC_{50}:>12 g/m³;小鼠经口 LD_{50}:700 mg/kg。本品在体内可释放氰离子引起中毒	
燃烧与爆炸危险性	易燃,受热、摩擦、撞击易发生自燃或爆炸,释放出的蒸气或烟尘能和空气形成爆炸性混合物	
活性反应	受热易发生分解,甚至爆炸。与碱金属反应会放出易燃气体。能引发乙烯、氯乙烯等的聚合反应。与有机过氧化物、强氧化剂、金属盐、硫化物、强酸接触会发生爆炸。与酸、酸酐、氨基化合物、氰化物、无机氟化物、卤代烃、异氰酸酯、酮、金属、氮化物、过氧化物、环氧化物、酰卤、强氧化剂或强还原剂反应会释放出有毒气体	

续表

急救措施	
皮肤接触	立即脱去污染的衣着,用肥皂水和清水彻底冲洗。就医
眼睛接触	立即分开眼睑,用流动清水或生理盐水彻底冲洗。就医
吸　入	迅速脱离现场至空气新鲜处。保持呼吸道通畅。如果呼吸困难,给输氧。如果呼吸、心跳停止,立即进行心肺复苏,就医
食　入	催吐,给服活性炭悬液。就医。使用亚硝酸钠和硫代硫酸钠解毒剂,也可以口服硫代硫酸钠加对氨基苯丙酮
消防措施	
危害特性	遇高热、明火或与氧化剂混合,经摩擦、撞击有引起燃烧爆炸的危险。燃烧时,放出有毒气体。受热时性质不稳定,40 ℃逐渐分解,至103~104 ℃时激烈分解,放出氮气及数种有机氰化合物,对人体有害,并散发出较大热量,能引起爆炸
有害燃烧产物	一氧化碳、二氧化碳、氰化物、氮氧化物、氮气
灭火方法	尽可能将容器从火场移至空旷处。喷水保持火场容器冷却,直至灭火结束。灭火剂:水、泡沫、二氧化碳、干粉、砂土
泄漏应急处置	
应急处理	隔离泄漏污染区,限制出入。切断火源。建议应急处理人员戴防尘面具(全面罩),穿防毒服。不要直接接触泄漏物。用水润湿,使用无火花工具收集于密闭的塑料桶或纸板桶中,回收或运至废物处理场所处置

三、甲　苯

基本信息			
中文名称	甲　苯		
英文名称	Methylbenzene		
分子式	C_7H_8	相对分子质量	92.14
CAS号	108-88-3		
主要用途	用于掺合汽油组成及作为生产甲苯衍生物、炸药、染料中间体、药物等的主要原料		
理化特性			
外观与性状	无色透明液体,有芳香气味		
溶解性	不溶于水,与乙醇、乙醚、丙酮、氯仿等混溶		
熔点/℃	−94.9	相对密度(水的为1)	0.87
沸点/℃	110.6	相对蒸气密度(空气的为1)	3.14
饱和蒸气压/kPa	4.89(30 ℃)	闪点/℃	4
密度/(g·cm⁻³)	0.865~0.868	临界压力/MPa	4.11
临界温度/℃	318.6	折射率	1.496 7
爆炸下限(体积分数)/%	1.2	爆炸上限(体积分数)/%	7.0
最小点火能/mJ	2.5	最大爆炸压力/MPa	0.784
自燃温度/℃	535		

危险性概述	
危险性类别	易燃液体,类别 2;皮肤腐蚀/刺激,类别 2;生殖毒性,类别 2;特异性靶器官毒性--次接触,类别 3(麻醉效应);特异性靶器官毒性-反复接触,类别 2 *(标记"*"的类别是指在有充分依据的条件下,该化学品可以采用更严格的类别);吸入危害,类别 1;危害水生环境-急性危害,类别 2;危害水生环境-长期危害,类别 3
健康危害	大鼠经口 LD_{50}:5 000 mg/kg;兔经皮 LD_{50}:12 124 mg/kg;小鼠吸入 LC_{50}:20 003 mg/m³,8 h。 主要作用于中枢神经系统,有麻醉作用,对皮肤、黏膜有刺激作用,尚可能引起肝、肾、心脏损害
燃烧与爆炸危险性	易燃,其蒸气与空气能形成爆炸性混合物,遇明火、高热能引起燃烧爆炸。其蒸气密度比空气大,能在较低处扩散到相当远的地方,遇火源会着火回燃和爆炸(闪爆)
活性反应	与硝酸、浓硫酸、高锰酸钾、重铬酸盐、液氯等强氧化剂发生剧烈反应,甚至发生燃烧爆炸。在烷基铝催化剂存在下,-70 ℃即能与烯丙基氯或其他卤代烃发生剧烈反应,甚至导致爆炸。能溶解或软化多种塑料、橡胶和涂料
急救措施	
皮肤接触	脱去污染的衣着,用肥皂水和清水彻底冲洗皮肤
眼睛接触	提起眼睑,用流动清水或生理盐水冲洗。就医
吸 入	迅速脱离现场至空气新鲜处。保持呼吸道通畅。如果呼吸困难,给输氧;如果呼吸停止,立即进行心肺复苏,就医
食 入	饮足量温水,催吐。就医
消防措施	
危害特性	易燃,其蒸气与空气可形成爆炸性混合物,遇明火、高热能引起燃烧爆炸。与氧化剂能发生强烈反应。流速过快时,容易产生和积聚静电。其蒸气密度比空气大,能在较低处扩散到相当远的地方,遇火源会着火回燃
有害燃烧产物	一氧化碳、二氧化碳
灭火方法	消防人员须穿全身防火、防毒服,佩戴空气呼吸器,在上风向灭火。喷水冷却容器,可能的话将容器从火场移至空旷处。处在火场中的容器若已变色或从安全泄压装置中产生声音,必须马上撤离。灭火剂:泡沫、干粉、二氧化碳、砂土。用水灭火无效
泄漏应急处置	
应急处理	根据液体流动和蒸气扩散的影响区域划定警戒区,无关人员从侧风、上风向撤离至安全区,消除所有点火源。应急人员应戴面罩、防毒面具,穿防毒、防静电服,使用防爆等级达到要求的通信工具。采取关闭阀门或堵漏等措施切断泄漏源。如果罐车或槽车发生泄漏,可通过倒灌转移尚未泄漏的液体,构筑围堤或挖坑收容泄漏物,防止流入河流、下水道、排洪沟等地方。收容的泄漏液体用防爆泵转移至槽车或专用收集容器内,残余液体用活性炭或砂土吸收

四、二氯甲烷

基本信息		
中文名称	二氯甲烷	
英文名称	Dichloromethane	
分子式	CH_2Cl_2	相对分子质量	84.94
CAS 号	75-09-2	
主要用途	可替代易燃的石油醚和乙醚,用作脂肪和油的萃取剂,用作醋酸纤维素成膜、三醋酸纤维素抽丝、气溶胶和抗菌素、纤维素等生产过程的溶剂。也可用作冷冻剂、麻醉剂和灭火剂等	

理化特性		
外观与性状	无色透明液体,有芳香气味	
溶解性	微溶于水,溶于乙醇、乙醚等有机溶剂	
熔点/℃	−96.7	相对密度(水的为1)	1.33
沸点/℃	39.8	相对蒸气密度(空气的为1)	2.93
饱和蒸气压/kPa	30.55(10 ℃)	最大爆炸压力/MPa	0.49
临界温度/℃	237	临界压力/MPa	6.08
爆炸下限(体积分数)/%	12	折射率	1.42
爆炸上限(体积分数)/%	19	引燃温度/℃	615

危险性概述	
危险性类别	皮肤腐蚀/刺激,类别2;严重眼损伤/眼刺激,类别2A;致癌性,类别2;特异性靶器官毒性——次接触,类别1;特异性靶器官毒性——次接触,类别3(麻醉效应);特异性靶器官毒性-反复接触,类别1
健康危害	大鼠经口 LD_{50}:1 600 mg/kg;大鼠吸入 LC_{50}:76 000 mg/m^3(4 h);小鼠经口 LD_{50}:873 mg/kg;人(男性)经口 TDL_0:1.429 mL/kg;人经口 LDL_0:357 mg/kg。主要经呼吸道进入人体,也可经消化道和皮肤进入人体。有麻醉作用,高浓度时会对呼吸道有刺激性,可引起肺水肿,对肝、肾有轻微损害。致死浓度可引起呼吸和循环中枢麻痹
燃烧与爆炸危险性	可燃,其蒸气与空气能形成爆炸性混合物,遇明火、高热能引起燃烧爆炸。其蒸气密度比空气大,能在较低处扩散到相当远的地方,遇火源会着火回燃和爆炸(闪爆)
活性反应	与活泼金属(锂、钠、钾、铝、镁)、强碱(叔丁基钾)、强氧化剂发生剧烈反应;与硝酸、四氧化二氮混合会发生爆炸;能溶解软化多种塑料、橡胶和涂料

急救措施	
皮肤接触	脱去污染的衣着,用肥皂水和清水彻底冲洗皮肤
眼睛接触	提起眼睑,用流动清水或生理盐水冲洗。就医
吸 入	迅速脱离现场至空气新鲜处。保持呼吸道通畅。如果呼吸困难,给输氧;如果呼吸停止,立即进行心肺复苏,就医
食 入	饮足量温水,催吐。就医

消防措施	
危害特性	与明火或灼热的物体接触时能产生剧毒的光气。遇潮湿空气能水解生成微量的氯化氢,光照亦能促进水解而对金属的腐蚀性增强
有害燃烧产物	一氧化碳、二氧化碳、氯化氢、光气
灭火方法	消防人员须佩戴防毒面具、穿全身消防服,在上风向灭火。喷水冷却容器,可能的话将容器从火场移至空旷处。灭火剂:雾状水、泡沫、二氧化碳、砂土
泄漏应急处置	
应急处理	根据液体流动和蒸气扩散的影响区域划定警戒区,无关人员从侧风、上风向撤离至安全区,消除所有点火源。应急人员应戴面罩、防毒面具,穿防毒服,使用防爆等级达到要求的通信工具。采取关闭阀门或堵漏等措施切断泄漏源,构筑围堤或挖坑收容泄漏物,防止其流入河流、下水道、排洪沟等地方。用泡沫覆盖泄漏物,减少挥发。用雾状水驱散、稀释挥发的蒸气。收容的泄漏液体用防爆泵转移至槽车或专用收集容器内,残液用砂土、蛭石吸收

五、氢 气

基本信息			
中文名称	氢		
英文名称	Hydrogen		
中文别名	氢 气		
分 子 式	H_2	相对分子质量	2.01
CAS 号	1333-74-0		
主要用途	用于汽油、煤油、柴油、石脑油、馏分油和润滑油加氢精制以及渣油加氢改质过程,用于氨和甲醇的合成、氢化加工及金属氧化物矿的还原等,也可作为高速推进火箭的燃料		
理化特性			
外观与性状	无色、无臭的气体,很难液化。液态氢无色透明,极易扩散和渗透		
溶解性	微溶于水,不溶于乙醇、乙醚		
熔点/℃	−259.2	相对密度(水的为1)	0.07(−252 ℃)
沸点/℃	−252.8	相对蒸气密度(空气的为1)	0.07
饱和蒸气压/kPa	13.33(−257.9 ℃)	气体密度/(g·L⁻¹)	0.089 9
临界温度/℃	−240	最大爆炸压力/MPa	0.720
爆炸下限(体积分数)/%	4.1	临界压力/MPa	1.30
爆炸上限(体积分数)/%	74.1	引燃温度/℃	400
危险性概述			
危险性类别	易燃气体,类别1;加压气体		
健康危害	在生理学上是惰性气体,为单纯性窒息性气体,仅在高浓度时,由于空气中氧分压降低才引起缺氧性窒息。在很高的分压下,氢气可呈现出麻醉作用		
燃烧与爆炸危险性	易燃,与空气混合能形成爆炸性混合物,遇热或明火即发生爆炸。比空气轻,在室内使用和储存时,漏气上升滞留屋顶不易排出,遇火星会引起爆炸。在空气中燃烧时,火焰呈蓝色,不易被发现		

续表

危险性概述	
活性反应	还原剂。高压、低温下,使用氢气的钢制设备、管线易产生氢脆。在铂及其他金属催化剂上,氢气和氧气在常温下即能发生爆炸反应。在汽油、煤油、柴油和润滑油加氢精制以及渣油加氢改质过程中,烯烃、芳烃加氢饱和,加氢脱硫,加氢脱氮,以及加氢脱金属均为放热反应,若取热能力不足,会使多余的热量在反应器中蓄积,发生热失控,导致爆炸。与氧化剂、卤素(氟、氯、溴、碘)、乙炔、氧化氮接触后,在一定条件下会剧烈反应,甚至爆炸
急救措施	
吸　入	迅速脱离现场至空气新鲜处。保持呼吸道通畅。如果呼吸困难,给输氧;如果呼吸停止,立即进行心肺复苏,就医
消防措施	
危害特性	与空气混合能形成爆炸性混合物,遇热或明火即爆炸。气体比空气轻,在室内使用和储存时,漏气上升滞留屋顶不易排出,遇火星会引起爆炸。氢气与氟、氯、溴等卤素会剧烈反应
有害燃烧产物	水
灭火方法	切断气源。若不能切断气源,则不允许熄灭泄漏处的火焰。喷水冷却容器,可能的话将容器从火场移至空旷处。灭火剂:雾状水、泡沫、二氧化碳、干粉
泄漏应急处置	
应急处理	根据气体的影响区域划定警戒区,无关人员从侧风、上风向撤离至安全区。消除所有点火源,使用防爆等级达到ⅡC级的通信工具。应急人员应戴正压自给式呼吸器,穿防静电服;液态氢泄漏时穿防寒、防静电服。采取关闭阀门或堵漏等措施切断气源,并用雾状水保护抢险人员、驱散漏出气。隔离泄漏区直至气体散尽

六、氯气

基本信息			
中文名称	氯		
英文名称	Chlorine		
中文别名	氯气		
分子式	Cl₂	相对分子质量	70.91
CAS号	7782-50-5		
主要用途	用于漂白,制造氯化合物、盐酸、聚氯乙烯等		
理化特性			
外观与性状	常温常压下为黄绿色、有刺激性气味的气体。常温、709 kPa以上压力时为液体,液氯为金黄色		
溶解性	易溶于水、碱液		
熔点/℃	−101	相对密度(水的为1)	1.47

理化特性			
沸点/℃	−34.5	相对蒸气密度(空气的为1)	2.48
饱和蒸气压/kPa	506.62(10.3 ℃)	气体密度/(g·L⁻¹)	3.21
临界温度/℃	144	临界压力/MPa	7.71

危险性概述	
危险性类别	加压气体;急性毒性-吸入,类别 2;皮肤腐蚀/刺激,类别 2;严重眼损伤/眼刺激,类别 2;特异性靶器官毒性——次接触,类别 3(呼吸道刺激);危害水生环境-急性危害,类别 1
健康危害	大鼠吸入 LC_{50}:849 mg/m³(1 h);小鼠吸入 LC_{50}:397 mg/m³(1 h);人吸入 LCL_0:100 mg/m³(30 min)。属剧毒化学品,列入《剧毒化学品目录》。氯气是一种强烈的刺激性气体,经呼吸道吸入时,与呼吸道黏膜表面水分接触,产生盐酸、次氯酸,次氯酸再分解为盐酸和新生态氧,产生局部刺激和腐蚀作用
燃烧与爆炸危险性	不燃,可助燃
活性反应	强氧化剂。与水反应,生成有毒的次氯酸和盐酸。与氢氧化钠、氢氧化钾等碱反应,生成次氯酸盐和氯化物,可利用此反应对氯气进行无害化处理。液氯与可燃物、还原剂接触会发生剧烈反应。与汽油等石油产品、烃、氨、醚、松节油、醇、乙炔、二硫化碳、氢气、金属粉末和磷接触能形成爆炸性混合物。接触烃及磷、铝、锑、肿、铋、硼、黄铜、碳、二乙基锌等物质会导致燃烧、爆炸,释放出有毒烟雾。潮湿环境下,严重腐蚀铁、钢、铜和锌

急救措施	
皮肤接触	立即脱去污染的衣着,用大量流动清水冲洗。就医
眼睛接触	提起眼睑,用流动清水或生理盐水冲洗。就医
吸入	迅速脱离现场至空气新鲜处。呼吸、心跳停止时,立即进行心肺复苏和胸外心脏按压,就医

消防措施	
危害特性	本品不会燃烧,但可助燃。一般可燃物大都能在氯气中燃烧,一般易燃气体或蒸气也都能与氯气形成爆炸性混合物。氯气能与许多化学品如乙炔、松节油、乙醚、氨、燃料气、烃类、氢气、金属粉未等猛烈反应发生爆炸或生成爆炸性物质。它几乎对金属和非金属都有腐蚀作用
有害燃烧产物	氯化氢
灭火方法	本品不燃。消防人员必须佩戴过滤式防毒面具(全面罩)或隔离式呼吸器、穿全身防火防毒服,在上风向灭火。切断气源。喷水冷却容器,可能的话将容器从火场移至空旷处。灭火剂:雾状水、泡沫、干粉

泄漏应急处置	
应急处理	迅速将泄漏污染区人员撤离至上风处,并立即对泄漏源进行隔离,小泄漏时隔离 150 m,大泄漏时隔离 450 m,严格限制出入。建议应急处理人员戴自给正压式呼吸器,穿防毒服。尽可能切断泄漏源。合理通风,加速扩散。喷雾状水稀释、溶解。构筑围堤或挖坑收容产生的大量废水。如有可能,用管道将泄漏物导至还原剂(酸式硫酸钠或酸式碳酸钠)溶液。也可以将漏气钢瓶浸入石灰乳液中。漏气容器要妥善处理,修复、检验后再用

七、醋酸酐

基本信息		
中文名称	乙酸酐	
英文名称	Acetic anhydride	
中文别名	醋酸酐	
分子式	$C_4H_6O_3$	相对分子质量	102.09
CAS 号	108-24-7	
主要用途	用于制造醋酸纤维、醋酸乙烯酯树脂及药物等,也常用作乙酰化剂	

理化特性			
外观与性状	无色易挥发液体,具有强烈刺激性气味		
溶解性	溶于氯仿、乙醚和苯。遇水反应生成乙酸		
熔点/℃	−73.1	相对密度(水的为1)	1.08
沸点/℃	138.6	相对蒸气密度 (空气的为1)	3.52
饱和蒸气压/kPa	1.33(36℃)	折射率	1.390 1
临界温度/℃	326	临界压力/MPa	4.36
闪点/℃	49	爆炸下限(体积分数)/%	2.0
爆炸上限(体积分数)/%	10.3	引燃温度/℃	316
最大爆炸压力/MPa	0.60		

危险性概述	
危险性类别	易燃液体,类别3;皮肤腐蚀/刺激,类别1B;严重眼损伤/眼刺激,类别1;特异性靶器官毒性——一次接触,类别3(呼吸道刺激)
健康危害	大鼠经口 LD_{50}:1 780 mg/kg;兔经皮 LD_{50}:4 000 mg/kg;大鼠吸入 LC50:4 170 mg/m³,4 h。具有强烈刺激性和腐蚀性
燃烧与爆炸危险性	易燃,蒸气与空气能形成爆炸性混合物,遇明火、高热能引起爆炸
活性反应	与水、水蒸气剧烈反应生成乙酸,水中有酸(硝酸、硫酸、高氯酸等)存在时,反应速度大大增加,有爆炸危险。与甲醇、乙醇、甘油剧烈反应。与硝酸、高氯酸、高锰酸钾、过氧化物、三氧化铬、铅酸等氧化剂发生剧烈反应,甚至爆炸。与硝酸盐(硝化试剂)发生剧烈反应。腐蚀铁、钢和其他金属

急救措施	
皮肤接触	立即脱去污染的衣物,用大量流动清水冲洗至少15 min。就医
眼睛接触	立即提起眼睑,用大量流动清水或生理盐水彻底冲洗至少15 min。就医
吸 入	迅速脱离现场至空气新鲜处。保持呼吸道通畅。如果呼吸困难,给输氧;如果呼吸停止,立即进行心肺复苏,就医
食 入	用水漱口,给饮牛奶或蛋清。就医

续表

消防措施	
危害特性	易燃,其蒸气与空气可形成爆炸性混合物,遇明火、高热能引起燃烧爆炸。与强氧化剂接触可发生化学反应
有害燃烧产物	一氧化碳、二氧化碳
灭火方法	消防人员须穿戴耐酸碱防护服、防护靴,并佩戴空气呼吸器灭火。用水喷射逸出液体,使其稀释成不燃性混合物,并用雾状水保护消防人员。灭火剂:雾状水、抗溶性泡沫、干粉、二氧化碳
泄漏应急处置	
应急处理	根据液体流动和蒸气扩散的影响区域划定警戒区,无关人员从侧风、上风向撤离至安全区;消除所有点火源,应急人员应穿戴正压自给式呼吸器,穿防酸碱、防静电服,使用防爆等级达到要求的通信工具,采取关闭阀门或堵漏等措施切断泄漏源。构筑围堤或挖坑收容泄漏物,防止其流入河流、下水道、排洪沟等地方。可以用氢氧化钠稀碱液或碳酸钠中和泄漏物,收容的泄漏液用防爆、耐腐蚀泵转移至槽车或专用收集器内。残液用活性炭吸附或用砂土吸收,若泄入水体,用氢氧化钠稀碱液中和

八、硫 酸

基本信息		
中文名称	硫 酸	
英文名称	Sulfuric acid	
分子式	H_2SO_4	相对分子质量	98.08
CAS 号	7664-93-9	
主要用途	用于生产化学肥料,在化工、医药、塑料、染料、石油提炼等工业也有广泛的应用	
理化特性		
外观与性状	纯品为无色油状液体,工业品因含杂质呈黄、棕色等	
溶解性	与水混溶,同时产生大量热,会使酸液飞溅伤人或引起飞溅	
熔点/℃	10.5	相对密度(水的为1)	1.83
沸点/℃	330.0	相对蒸气密度(空气的为1)	3.4
饱和蒸气压/kPa	0.13(145.8 ℃)	
危险性概述		
危险性类别	皮肤腐蚀/刺激,类别1A;严重眼损伤/眼刺激,类别1	
健康危害	大鼠经口 LD_{50}:2 140 mg/kg;大鼠吸入 LC_{50}:500 mg/m³(2 h)。对皮肤、黏膜等组织有强烈的刺激和腐蚀作用	
燃烧与爆炸危险性	不 燃	

续表

危险性概述	
活性反应	强酸性,与碱发生中和反应,放出大量的热。浓硫酸具有强氧化性,接触还原剂、可燃物、易燃物或碱均会发生剧烈反应,有燃烧和爆炸危险。浓硫酸可催化烷基化反应,烯丙基氯接触浓硫酸会发生剧烈的聚合反应,释放出大量的热。溶于水或用水稀释时,会放出大量的热,可能造成爆沸或可燃物的燃烧。浓硫酸和次氯酸钠反应,放出大量的热和剧毒的氯气。浓硫酸接触金属粉末、氯化物、溴化物、碳化物、苦味酸盐会发生剧烈反应,甚至导致爆炸。浓硫酸和丙烯腈的混合物应该保持冷冻状态,否则,温度升高会发生强烈放热反应。与活泼金属反应,释放出易燃易爆的氢气而引起燃烧或爆炸

急救措施	
皮肤接触	立即脱去污染的衣物,用大量流动清水冲洗至少 15 min。就医
眼睛接触	立即提起眼睑,用大量流动清水或生理盐水彻底冲洗至少 15 min。就医
吸 入	迅速脱离现场至空气新鲜处。保持呼吸道通畅。如果呼吸困难,给输氧;如果呼吸停止,立即进行心肺复苏,就医
食 入	用水漱口,给饮牛奶或蛋清。就医

消防措施	
危害特性	遇水大量放热,可发生沸溅。与易燃物(如苯)和可燃物(如糖、纤维素等)接触会发生剧烈反应,甚至引起燃烧。遇电石、高氯酸盐、雷酸盐、硝酸盐、苦味酸盐、金属粉末等发生爆炸或燃烧。有强烈的腐蚀性和吸水性,猛烈反应,发生爆炸或燃烧。有强烈的腐蚀性和吸水性
有害燃烧产物	氧化硫
灭火方法	消防人员必须穿全身耐酸碱消防服。灭火剂:干粉、二氧化碳、砂土。避免水流冲击物品,以免遇水会放出大量热,发生喷溅而灼伤皮肤

泄漏应急处置	
应急处理	根据液体流动影响区域划定警戒区,无关人员从侧风、上风向撤离至安全区;应急人员应穿戴正压自给式呼吸器,穿防酸碱服。采取关闭阀门或堵漏等措施切断泄漏源。如果储罐或槽车发生泄漏,可通过倒罐转移尚未泄漏的液体。构筑围堤或挖坑收容泄漏物,防止其流入河流、下水道、排洪沟等地方。可以用氧化钙或碳酸氢钠中和泄漏物,收容的泄漏液用耐腐蚀泵转移至槽车或专用收集器内。残液用大量水冲洗,洗水用稀碱液中和后放入废水系统。若泄入水体,可洒入大量石灰或加入碳酸氢钠中和

附录七　样品量对绝热加速量热检测结果的影响

以芳烃硝化反应(硝化反应一般为硝酸过量,二次分解反应检测温度会高于或远高于反应温度,升温后往往先发生进一步硝化的副反应)为例,对芳烃硝化后反应液不同检测样品量对绝热加速量热检测结果的影响进行分析。

一、样品量低时

试验样品及检测条件见附表 7-1。

附表 7-1　绝热量热试验参数

参　数	测试条件
样品池类型	哈氏合金 Hc-MCQ
样品池质量	15.28 g
样品组分	硝化反应混合液
样品质量	1.50 g
检测范围	50～350 ℃
温度灵敏度	0.02 ℃/min
温度阶梯	5 ℃
等待时间	15 min

对硝化反应混合液进行绝热加速量热检测,得到温度和压力随时间变化的曲线,如附图 7-1 所示。

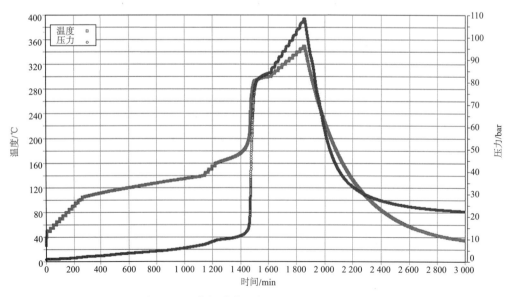

附图 7-1　芳烃硝化反应后二次分解检测曲线

由附图 7-1 可知,在 105 ℃时开始分解放热,且放热较为平缓;在 140 ℃时放热停止,引发原因主要为生成的硝基苯继续与混酸发生了进一步的硝化反应;继续升温后,在 165 ℃开始出现明显的温度抬升,并伴随压力的迅速增大。

对分解部分的数据以 165 ℃为起始分解温度按照热力学原理进行推算,得出硝化反应混合液的最大反应速率到达时间为 24 h 对应的温度 T_{D24} 曲线,如附图 7-2 所示。

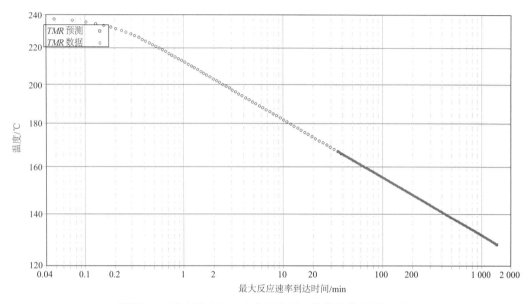

附图 7-2 反应混合液二次分解的 T_{D24} 推算曲线(经校正后)

放热相关数据见附表 7-2。

附表 7-2 反应混合液的绝热检测数据结果

参　数	检测结果
始点温度 T_{onset}/℃	165.9
绝热温升 ΔT_{ad}/K	134.0
热惯性因子 Φ	4.40
校正后的绝热温升 ΔT_{ad}/K	589.6
反应热/(J·g^{-1})	983.0
最大反应速率到达时间为 24 h 对应的温度 T_{D24}/℃	128

对相关数据进行热动力学分析,采用外推法求得样品的 T_{D24} 为 128 ℃。

二、样品量高时

试验样品及检测条件见附表 7-3。

对硝化反应混合液进行加速绝热量热检测,得到温度和压力随时间变化的曲线,如附图 7-3 所示。

附表 7-3 绝热量热试验参数

参　数	测试条件
样品池类型	哈氏合金 Hc-MCQ
样品池质量	15.29 g
样品组分	反应混合液
样品质量	3.60 g
检测范围	50～350 ℃
温度灵敏度	0.02 ℃/min
温度阶梯	5 ℃
等待时间	15 min

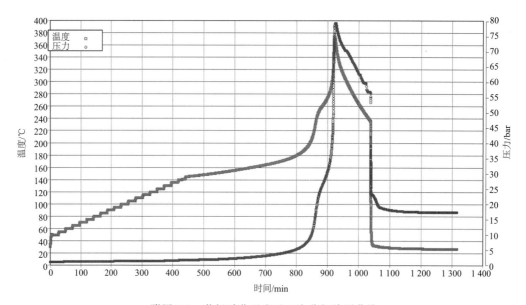

附图 7-3 芳烃硝化反应后二次分解检测曲线

由附图 7-3 可知,当用于检测的样品质量偏大时,检测过程中多硝化的副反应放热,自加速升温后会直至物料的二次分解,造成多硝化和二次分解出现在同一段曲线中,实际上无法用分解数据预测 T_{D24},保守利用 145.9 ℃为始点温度按照热力学原理进行推算,得出硝化反应混合液的 T_{D24} 曲线,如附图 7-4 所示。

放热相关数据见附表 7-4。对相关数据进行热动力学分析,采用外推法求得样品的 T_{D24} 为 87.5 ℃。

通过对两次绝热加速量热检测结果的比对可知,样品量不同,会导致检测结果有一定的差距。检测样品量为 1.50 g 时的 T_{D24} 为 128 ℃,而检测样品量为 3.60 g 时,样品量大,瞬时升温速率快,超过仪器设置上限,启动降温模式,导致无法检测完整曲线,T_{D24} 为 87.5 ℃,放热量没有完整的数值。

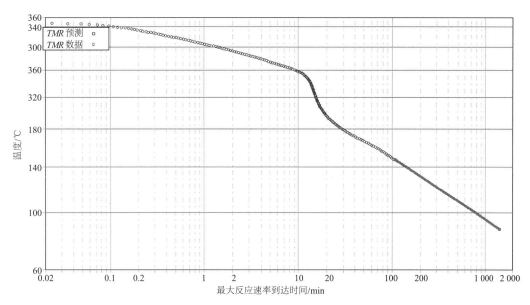

附图 7-4　反应混合液二次分解的 T_{D24} 推算曲线（经校正后）

附表 7-4　反应混合液的绝热检测数据结果

参　数	检测结果
始点分解温度 T_{onset}/℃	145.9
绝热温升 ΔT_{ad}/K	＞204.0
热惯性因子 Φ	4.07
校正后的绝热温升 ΔT_{ad}/K	＞830.3
反应热/(J·g⁻¹)	＞1 386.34
最大反应速率到达时间 T_{D24}/℃	87.5

综上，建议在进行绝热加速量热测试过程中应注意：

（1）检测人员需对具体化工工艺过程有一定的了解，并须与委托方确认反应过程中可能出现的副反应过程。

（2）可以先利用差示扫描量热仪或其他初筛设备对少量检测样品进行初筛，以此判断绝热加速量热检测所需的样品量。

（3）采用保守评估方法，将可能出现副反应过程的量热过程与分解放热量相结合进行评估，以此来确定 T_{D24} 和 TMR。

（4）可根据量热检测曲线不同放热段的热参数信息，采用绝热加速量热设备进行等温检测等程序的设置，进一步判定评估标准。

附录八　化学反应量热参数精密度和正确度评估范例

以某实验室方法确认为例,对精密度和正确度评估的具体实施步骤如下:

一、精密度评估

(一)醋酸酐水解反应热安全参数的重复性

在同一实验室内重复进行 6 次醋酸酐水解试验,结果见附表 8-1。

附表 8-1　醋酸酐水解反应热安全参数重复性测试数据

参　数	试验编号						平均值	标准偏差 s
	1	2	3	4	5	6		
$\Delta H/\text{kJ}$	13.885	14.029	13.926	13.968	14.046	13.888	13.957	0.057
$c_p/[\text{J}\cdot(\text{g}\cdot\text{K})^{-1}]$	4.370 4	4.365 5	4.262 8	4.269 3	4.222 2	4.376 1	4.311 1	0.067
$X_{\text{ac}}/\%$	21.84	22.06	21.28	22.19	21.51	22.35	21.87	0.412

计算得到的标准偏差 s 除以平均值后的百分数即测试结果的变异系数(CV 值)。不同化学反应热安全参数的重复性测试结果的实验室内变异系数 CV 值参考 GB/T 27417—2017 附录 B 进行评价,结果见附表 8-2。

附表 8-2　醋酸酐水解反应热安全参数 CV 值

热安全参数	实验室内变异系数/%	参考值/%
$\Delta H/\text{kJ}$	0.4	
$c_p/[\text{J}\cdot(\text{g}\cdot\text{K})^{-1}]$	1.6	2.0
$X_{\text{ac}}/\%$	1.8	

由附表 8-2 可知,醋酸酐水解反应的热安全参数 ΔH、c_p 和 X_{ac} 的实验室内变异系数均小于 GB/T 27417—2017 附录 B 中的参考值,证明该方法获取 ΔH、c_p 和 X_{ac} 的测试结果重复性偏差满足要求。

(二)醋酸酐水解反应热安全参数的再现性

与至少 3 家已通过 CNAS 实验室认可且化学反应热安全参数在认可能力范围内的同类实验室进行醋酸酐水解反应热安全参数实验室间比对,结果见附表 8-3。

附表 8-3　醋酸酐水解反应热安全参数实验室间比对测试结果

参　数	本实验室	实验室 1	实验室 2	实验室 3	实验室 4	平均值	标准偏差 s
$\Delta H/\text{kJ}$	13.957	12.815	11.997	12.279	12.047	12.619	0.815
$c_p/[\text{J}\cdot(\text{g}\cdot\text{K})^{-1}]$	4.31	4.23	3.97	4.11	4.18	4.16	0.129
$X_{\text{ac}}/\%$	21.87	20.16	23.19	19.98	21.23	21.29	1.317

采用格拉布斯(Grubbs)检验法对本实验室与其他 4 家实验室的测试数据进行未知标准差情形离群值检验,具体方法见下式:

$$G_n = \frac{x_n - \overline{x}}{s} \tag{1}$$

式中,G_n 为统计量,s 为标准偏差,n 为实验室数量。确定检出水平 α,在 GB/T 4883—2008 表 A.2 中查出对应的 $G_{1-\alpha}(n)$,当 $G_n > G_{1-\alpha}(n)$ 时,判定 x_n 为离群值,反之则为非离群值。计算得到本实验室不同化学反应热安全参数 G_n 值结果见附表 8-4。

附表 8-4　化学反应热安全参数 G_n 值计算结果

参　数	检出水平 α	统计量 G_n	临界值 $G_{0.95}(5)$
ΔH/kJ	0.05	1.642	
c_p/[J·(g·K)$^{-1}$]	0.05	1.163	1.672
X_{ac}/%	0.05	0.44	

根据附表 8-4,确定检出水平 $\alpha = 0.05$,在 GB/T 4883—2008 表 A.2 中查出临界值 $G_{0.95}(5) = 1.672$,根据本实验室测试得到的参数(ΔH、c_p 和 X_{ac})计算得到 G_n 值均小于 $G_{0.95}(5)$,表明本实验室测试参数均为非离群值,证明该方法获取 ΔH、c_p 和 X_{ac} 的测试结果再现性偏差满足要求。

二、正确度评估

测试水在 25 ℃的比热容,对测定值和水的比热容标准值之差按下式进行 t 验证:

$$t_c = \frac{|x-R|}{s} \cdot \sqrt{n} \tag{2}$$

式中,x 为测试值,R 为标准值,s 为标准偏差,n 为测试次数。采用 RC1e 测试水的比热容(25 ℃),结果见附表 8-5。

附表 8-5　RC1e 测试水的比热容(25 ℃)数据

试验编号	1	2	3	4	5	6	平均值
水的 c_p/[J·(g·K)$^{-1}$]	4.177 4	4.165 6	4.172 3	4.171 9	4.180 1	4.172 3	4.173 3

查《化学化工物性数据手册》可知,水在 25 ℃的标准比热容值为 4.184 6 J/(g·K),试验测得水在 25 ℃的比热容平均值为 4.173 3 J/(g·K),计算得标准偏差 $s = 0.011$,则 $t_c = 2.516$。

查 t 验证临界分布表(95% 置信概率下双侧分布的 t 值),可知临界值 $t_{0.05,5} = 2.571$。比较 t_c 与 $t_{0.05,5}$,可知 $t_c < t_{0.05,5}$,说明采用 RC1e 测试水在 25 ℃下比热容的结果与水的比热容标准值之间不存在实质性偏倚,表明该试验方法的正确度满足要求。

附录九　问题解答

一、检测能力

(一)检测对象

【问题1】　能否以"化学品""化工产品""精细化工产品"等名称作为检测对象申请CNAS实验室认可? 实验室申请时应如何确定"检测对象"名称?

问题解答　实验室申请检测对象不能超出所申请的标准的适用范围,在此前提下不建议直接以"化工产品""精细化工产品"等类似名称作为申请认可的检测对象。实验室可参考 GB 51283—2020 第2.0.1条中表1(精细化工产品分类)选择实验室实际测试范围内、合适的产品类别,具体到化工产品/精细化工产品的类别,例如农药、染料、黏合剂等。

(二)检测项目/参数

【问题2】　《化工产品热安全检测领域实验室认可技术指南》中附录A的关键技术点为"根据是否具备比热容测试能力,确定实验室是否具备热惯性因子"。如何判定是否具备比热容测试能力? 是否需要通过 CNAS 认证? 还是有仪器可以测就行? 若具备比热容测试能力,在测试过程中,样品的组成、温度都是变化的,则应如何取值?

问题解答　《化工产品热安全检测领域实验室认可技术指南》附录A中规定"根据是否具备比热容测试能力,确定实验室是否具备'9.1 计算热惯性因子'的检测能力"。SN/T 3078.1—2012 第9.1条和 NY/T 3784—2020 第4.6.2条中所述热惯性因子 Φ 的计算公式中的测试物料质量 m_s、测试容器质量 m_b、测试容器比热容 c_{pb} 等参数不需要通过试验测试获取,测试物料的比热容 C_{ps} 可通过试验测试获取,也可通过查询《化学化工物性数据手册》获取。目前大部分实验室通过查询《化学化工物性数据手册》获取测试物料的比热容数据。由于 CNAS 对于不通过检测获取的参数不予认可,因此要求实验室在申请绝热量热检测能力中的"热惯性因子"能力时,应具备比热容的测试能力。

判断实验室是否具备比热容测试能力,是看实验室是否具备比热容检测仪器设备、设施环境条件,检测人员是否具备按照相关检测标准进行比热容测试的能力,建议若具备该检测能力,最好能通过 CNAS 实验室认可。

目前可供化工产品热安全检测实验室参考的比热容检测标准方法有:NB/SH/T 0632—2014《比热容的测定　差示扫描量热法》、QJ 20408—2016《液体低温比热容测试方法》、BS EN ISO 11357-4—2021《塑料差示扫描量热法(DSC)　第4部分:比热容的测定》、ASTM E1269—2011(2018)《用差示扫描热量测定仪(DSC)测定比热容量的标准试验方法》等。另外,法国 SETARAM 公司生产的 C80/C600 型微量热仪(卡尔维式量热法)和英国 THT 公司生产的 μRC 微反应量热仪均具备对化学物质的比热容进行测试的功能,但目前没有检测标准。实验室可根据实际需求选择合适的检测标准方法和配备合适的仪器设备建立比热容检测能力。

根据 SN/T 3 078.1—2012《化学品热稳定性的评价指南　第1部分:加速量热仪法》第9.1条所述的"计算热惯性因子 Φ 的公式中没有明确考虑随温度而变化的比热容。通常,比热容的平均值在温度范围内的影响被假定为恒定的",比热容的测定暂不考虑温度变化的影响。

【问题 3】 化工产品热安全检测项目参数只能从《化工产品热安全检测领域实验室认可技术指南》附录 B 中所列的参数中选择吗？未列入附录 B 中的参数可以申请吗？

问题解答 《化工产品热安全检测领域实验室认可技术指南》附录 B 是"化工产品热安全检测领域检测能力表述及设备信息填写示例",化工产品热安全检测项目参数不限于附录 B 中所列的参数,未列入附录 B 中的参数如果满足认可要求也可申请。

【问题 4】 绝热量热仪最大反应速率到达时间是否可以申请 CNAS 认可？若绝热方法中典型标准物质的测试结果未提供该参考值,实验室应该如何参考？

问题解答 SN/T 3078.1—2012 第 3.12 条中"最大反应速率到达时间（TMR）"的定义为"在热失控反应中达到最大自放热速率或压强速率所需的时间,通常从始点温度对应的时间算起,但也可以指任意温度的时间点到出现最大自放热速率或压强速率的时间点。TMR的实验观测值通常除以热惯性因子以获得更为保守的 TMR 评估（被热惯性因子除之后的 TMR 通常被称为 Φ 校 ΦTMR）"。由 TMR 的定义可知,TMR 是通过试验测试获取的参数,可以申请 CNAS 认可。

由于绝热量热测试方法 SN/T 3078.1—2012 和 NY/T 3784—2020 均不包含 TMR 的检测方法,所以建议实验室根据 SN/T 3078.1—2012 第 3.12 条中"最大反应速率到达时间（TMR）"的定义编制 TMR 的参数测试作业指导书或编制实验室制定的非标方法,并对该作业指导书或实验室制定的方法进行方法确认。

SN/T 3078.1—2012 和 NY/T 3784—2020 检测标准中均未给出用于系统性能验证校准物质 20% DTBP 甲苯溶液和 12% AIBN 二氯甲烷溶液的 TMR 数据参考值,建议实验室在作业指导书或实验室制定的非标方法中自行制定相关要求。

【问题 5】 某实验室采用实验室制定的化学反应量热作业指导书作为非标检测方法申请认可,该方法的检测参数包括反应体系的绝热温升 ΔT_{ad}、反应热 ΔH、反应体系比热容 c_p、最大热累积度 X_{ac}、合成反应的最大温度 MTSR 等化学反应过程的热安全参数,它们均为实验室配备的化学反应量热仪测试获取的数据,这些参数是否都可以申请？

问题解答 《化工产品热安全检测领域实验室认可技术指南》第 7.8.2.1 m）条规定,"实验室出具的检测报告只能包含通过测试得到的热安全参数,如起始放热温度、反应热、反应体系比热容、最大热累积度等,报告内容不能包括可能误导客户的表述,例如未检测仅通过经验数据计算而获取的其他热安全性参数"。反应体系的绝热温升 ΔT_{ad}、反应热 ΔH、反应体系比热容 c_p、最大热累积度 X_{ac}、合成反应的最大温度 MTSR 等化学反应过程的热安全参数均属于"通过测试得到的热安全参数",可以申请。

【问题 6】 实验室对 RC1 温度传感器校准点包括 -10 ℃等,能否扩大检测温度范围为 $-10\sim200$ ℃？

问题解答 《化工产品热安全检测领域实验室认可技术指南》附录 B 是"化工产品热安全检测领域检测能力表述及设备信息填写示例",目的是给实验室填写认可申请书提供参考。关于化学反应量热仪温度传感器的校准点,应根据实验室实际配备的反应量热仪的测试范围确定。如果实验室配备的反应量热仪能够准确测试的范围包含"$-10\sim200$ ℃",则可以将校准温度扩大至相应检测范围。

【问题7】 最大热累积度的定义建议更明确,如是取整个反应过程的,还是取反应结束的?

问题解答 最大热累积度的定义参见 T/CIESC 0001—2020《化学反应量热试验规程》第 5.5 条"热累积度计算方法"对最大热累积度定义的修订,建议提交至 T/CIESC 0001—2020《化学反应量热试验规程》的标准归口单位和起草单位。

（三）领域代码

【问题8】 实验室认可申请书附表 4-1（申请能力及仪器设备配置表）填写说明中的"领域代码"参见 CNAS-AL06:2015《实验室认可领域分类表》,但 CNAS-AL06 没有"化工产品热安全检测"的领域代码,实验室应如何选择正确的领域代码?

问题解答 CNAS-AL06:2015《实验室认可领域分类》中目前还没有"化工产品热安全检测"的领域代码,后期可能会根据实验室反馈的建议对《实验室认可领域分类》进行修订,在化学领域（02）中增加"化工产品热安全检测"的领域代码。在《实验室认可领域分类》未修订前,建议实验室根据申请认可的检测对象类别,选择合适的领域代码。

（四）检测标准方法

【问题9】《化工产品热安全检测领域实验室认可技术指南》中推荐的化学物质热稳定性检测方法包括 GB/T 22232—2008、SN/T 3078.1—2012 和 NY/T 3784—2020,实验室能否申请该指南中未推荐的其他检测标准方法,例如 GB/T 13464—2008、GB/T 29174—2012 等?

问题解答 可以申请,申请认可的相关要求相同。

【问题10】 能否将 GB/T 42300—2022《精细化工反应安全风险评估规范》中第 6 条"数据测试和求取方法"作为检测标准申请认可?

问题解答 不可以。GB/T 42300—2022《精细化工反应安全风险评估规范》第 1 条"范围"中明确规定了该标准的适用范围:适用于精细化工间歇、半间歇和连续釜式反应安全风险评估。该标准是一个评估标准,不是检测标准,该标准第 6 条"数据测试和求取方法"中只是给出了"物料分解热""工艺温度""绝热温升""工艺反应能够达到的最高温度""绝热条件下最大反应速率到达时间"和"表观活化能"等热安全参数的推荐测试标准方法和计算公式,缺少对仪器设备、环境条件、详细检测过程、检测结果的精密度和准确度要求等关键信息,无法作为标准方法的依据指导检测试验过程和求取检测结果。因此,GB/T 42300—2022《精细化工反应安全风险评估规范》中第 6 条"数据测试和求取方法"不能作为检测标准申请认可。

二、通用要求

【问题11】 化工产品热安全检测实验室的公正性风险主要有哪些? 应如何识别并避免风险?

问题解答 化工产品热安全检测实验室的公正性风险因实验室自身组织机构的不同而不尽相同,可以识别的风险包含但不限于:① 危及实验室公正性的关系,例如实验室的所有权、控制权、管理、人员、共享资源、财务、合同、市场营销、销售人员的佣金和其他好处等。② 人员,即实验室从事与检测相关的人员,包括管理层、检测人员等不得同时在两个以上的检测机构从业。③ 与所属法人单位的其他部门之间的关系。若实验室所述法人单位的其他部门从事与其承担的检测工作相关的风险评估、研究、开发和设计,则实验室应明确授权职责,确认实验室的各项活动不受其所在法人单位其他部门的影响,保持独立和公正。法人代表作出公正性声明,不干预实验室的检测活动。实验室负责人作出公正性声明,排除来自内外部影响,保证公正性,并在实际工作中控制实施。

【问题 12】 化工产品热安全检测实验室如果只是企业内部的实验室,只为企业内部出具检测报告,是否需要签订保密协议?

问题解答 实验室作出的具有法律效力的保密性承诺要列明保密的信息范围和承担的责任,实验室公布保密信息需经有关客户同意,并保存征询意见的记录,即无论第三方实验室,还是企业内部的实验室,都要与客户签订保密协议。

三、结构要求

【问题 13】 《化工产品热安全检测领域实验室认可技术指南》第 5.2 条规定,"实验室管理层中至少应包括一名在此领域具有足够知识和经验的人员,该人员应具有化学专业或与所从事检测范围密切相关专业的本科及以上学历和五年以上化工产品热安全检测的工作经历"。有些实验室的该人员从事了多年的化工产品热安全研究相关工作,但检测工作经历不满足 5 年,那么该人员是否满足《化工产品热安全检测领域实验室认可技术指南》第 5.2 条的要求?

问题解答 实验室管理层中"在此领域具有足够知识和经验的人员"的检测工作经历,可以包含化工产品热安全研究相关的工作经历,但需明确研究相关工作经历中是否包含检测工作,即该人员的研究工作经历应涉及化工产品热安全的检测。如果研究工作经历只是涉及理论方面的研究,不包含试验测试,则不应作为该人员的检测工作经历。

四、资源要求

(一)人 员

【问题 14】 实验室能否授权不具备化学、化学工程或化工安全及相关专业专科以上学历的人员作为样品管理员?

问题解答 化工产品热安全检测领域实验室检测样品涉及危险化学品的较普遍,建议实验室尽可能授权具备化学、化学工程或化工安全相关专业知识的人员作为样品管理员,并建议实验室针对该样品管理人员进行化工安全相关知识培训。培训内容包括但不限于:① 有关危险化学品热危险性、燃爆/毒性等危险特性、安全使用注意事项、泄漏应急处置措施及相关法律法规等;② 消防安全相关知识,样品的灭火器材种类及适用和禁用范围等;③ 安全防护用品的使用相关知识;④ 样品废弃处置相关知识、一般样品间的相容与不相容性等。

【问题 15】 实验室管理层(例如主任、质量负责人、技术负责人)变更时有哪些规定步骤?需要完善哪些资料?

问题解答 根据 CNAS-RL01《实验室认可规则》第 9.1.1 条规定,"获准认可实验室如发生下列变化,应在 20 个工作日内通知 CNAS 秘书处:a) 获准认可实验室的名称、地址、法律地位和主要政策发生变化;b) 获准认可实验室的组织机构、高级管理和技术人员、授权签字人发生变更;c) 认可范围内的检测/校准/鉴定依据的标准/方法、重要试验设备、环境、检测/校准/鉴定工作范围及有关项目发生改变;d)其他可能影响其认可范围内业务活动和体系运行的变更"。

实验室管理层人员变更属于 CNAS-RL01 第 9.1.1 b)条所述的高级管理和技术人员,应在规定时间内通知 CNAS 秘书处。当授权签字人发生变更时,应在"CNAS 实验室检验机构认可业务管理系统"中填写并提交《变更申请书》,填写/上传《变更申请书》中要求的资料。

【问题 16】 实验室人员离职时有哪些规定步骤? 需要完善哪些资料?

问题解答 离职的实验室人员如果是高级管理和技术人员、授权签字人,其离职可能会影响实验室的检测能力和检测报告的合法性问题,实验室需要做如下工作:

(1)应在 20 个工作日内以书面形式通知 CNAS 秘书处,并尽快配备合适的高级管理和技术人员补偿该离职人员造成的岗位缺失,以避免对实验室的正常运行造成影响。

(2)如果该离职人员是授权签字人,则应及时向 CNAS 申请撤销该授权签字人的认可。需要时寻找新的合格的授权签字人,并向认可委提交授权签字人变更的申请。

【问题 17】 化学相关专业研究生或导师在院校期间实验室(非经 CNAS/CMA 认可认证)工作年限经历能否满足"五年以上化工产品热安全检测的工作经历"?

问题解答 首先,问题中所述"工作经历"均不以其所服务的实验室是否获得认可为前提。其次,化学相关专业研究生在院校实验室(非经 CNAS/CMA 认可认证)属于学习经历,不能作为工作经历;化学相关专业导师在院校实验室(非经 CNAS/CMA 认可认证)属于工作经历,但需明确工作经历中是否包含检测工作,如果工作经历只涉及理论方面的研究,不包含试验测试,则不应作为该人员的检测工作经历。

【问题 18】 化工企业实验室从业人员工作经历能否满足"五年以上化工产品热安全检测的工作经历"?

问题解答 要看该实验室从业人员在化工企业从事的检测工作经历是否包含化工产品热安全研究相关的工作经历,如果不包含,则不可作为该实验室从业人员的化工产品热安全检测工作经历。

(二)设施和环境条件

【问题 19】 化学物质热稳定性测试实验室需不需要进行温湿度控制? 绝热量热仪是否可不配备通风设施?

问题解答 差示扫描量热仪属于精密仪器设备,进口设备生产商一般会要求对实验室内的环境温度进行控制,也有其他领域的采用差示扫描量热法的检测标准中对环境温湿度做了规定(例如 JYT 0589.3—2020《标准热分析方法通则 第 3 部分:差示扫描量热法》规定温度 20~25 ℃,湿度<75%RH),因此建议差示扫描量热仪应控制环境温湿度至设备生产商提供的操作规程中规定的温湿度条件。

绝热量热仪进行样品测试时要升温至 450~500 ℃,样品在量热球内分解一般会产生一些有毒有害的气体,同时高温条件下在量热球内也会有待测样品的蒸气,测试过程中如果压力管线泄漏或温度降至常温后量热球内有分解产生的气体,直接排在实验室会对检测人员健康产生影响,因此建议配备通风设施。

另外,有些实验室采用管线连接方式,待量热球的温度降至室温后将其内的气体排出室外,虽然这种方式可以采取,但需要注意:一是管线内会残存大量的物质附着在内壁上,时间长了会造成堵塞;二是不同的排放物之间如果不相容,可能会在管线内发生反应,存在一定的安全隐患。因此,如果采用这种方式,一定要定期检查、清理或更换管线。

【**问题20**】　化工产品热安全检测领域实验室需要配备哪些安全防护装备及设施?

问题解答　化工产品热安全检测领域实验室需要配备的安全防护装备及设施需要根据实验室具备的仪器设备,结合实验室实际确定,建议包括但不限于:

(1)差示扫描量热仪、绝热量热仪和反应量热仪应配备控制环境温湿度至设备生产商提供的操作规程中规定的温湿度条件的设备和设施。

(2)配备防止电源干扰、稳压和防止断电的装置或有效措施(特别是反应量热仪)。

(3)绝热量热仪配备通风设施,反应量热仪如果涉及气液两相反应应配备易燃易爆或有毒有害气体报警器。

另外,对于使用易燃易爆或有毒有害类危险化学品的实验室,建议:

(1)配备洗眼器/紧急喷淋装置。

(2)如果使用易燃易爆或有毒有害气体,应配备合适的气体报警器。

(3)配备防爆设施和防静电设施。

(4)为检测人员配备防爆护具、防毒面具、阻燃护具和应急药箱。

(5)配备合适的灭火器材或设施,确保安全设施设备处于正常运行状态。

【**问题21**】　对检测环境进行温湿度控制是指需要在实验室内配备恒温恒湿的检测环境,还是正常的实验环境即可?

问题解答　实验室的化学物质热稳定性测试房间内应尽可能配备温湿度监控设施。是否需要恒温恒湿的实验室环境,建议根据实验室建筑物的实际情况,结合实验室配备的仪器设备生产商对设备环境设施的要求及检测标准的要求执行。

【**问题22**】　安全防护设施(如反应量热仪的安全阀)是否需要按《特种设备安全监察条例》进行定期检测? 体系文件是否需要作出相应的规定?

问题解答　《特种设备安全监察条例》(2003年3月11日中华人民共和国国务院令第373号公布,根据2009年1月24日《国务院关于修改〈特种设备安全监察条例〉的决定》修订)第二条指出,"本条例所称特种设备是指涉及生命安全、危险性较大的锅炉、压力容器(含气瓶,下同)、压力管道、电梯、起重机械、客运索道、大型游乐设施和场(厂)内专用机动车辆"。是否需要按照《特种设备安全监察条例》进行定期检验,要看实验室的安全防护设施是否满足《特种设备安全监察条例》第二条的规定。如果实验室配备的反应量热仪的高压釜上的安全阀属于特种设备,应按照《特种设备安全监察条例》第二十八条的规定进行检验,并在体系文件中作出相应的规定。

(三)设　备

【**问题23**】　《化工产品热安全检测领域实验室认可技术指南》第6.4.1条中提到了"长期租赁(租赁期限应该覆盖一个认可周期)",请问一个认可周期时间是怎么界定的? 是1年、2年还是6年? 假如某实验室签了一个比较大的检测合同,检测内容比较多,实验室的仪器不够用,而重新买一台仪器需要花几十万元,不合算,想租用兄弟单位的同型号仪器,是否可以签订短期租用协议? 比如租用一个月,对方有使用需要时再还回去,然后再租用一个月。

问题解答　CNAS-RL01《实验室认可规则》的第5.1.7.1条明确规定"CNAS认可周期

通常为 2 年",仪器设备可以租赁,但不允许短期租赁。同时,租用设备只能由承租实验室使用和支配,不能与其他实验室共用,且设备在租赁期间只能由承租实验室的人员操作、维护、管理、送检定/校准,不能影响保密性和公正性。

【问题 24】 绝热量热检测计算热惯性因子用到的测试容器的质量(m_b)如何确定？它是不是样品池、连接螺母和密封垫圈的总质量？

问题解答　SN/T 3078.1—2012 对此未作出规定,NY/T 3784—2020 第 4.5.1 条规定"选取一个干净样品池,称量测试样品池、连接螺母和密封垫圈的总质量"。

国内目前对绝热量热测试中"计算热惯性因子"用到的测试容器(量热罐/量热球)质量是否需要考虑连接螺母和密封垫圈的总质量方面的研究还属于空白,国外进口设备生产商建议可以不考虑连接螺母和密封垫圈的质量,只考虑量热球本身的质量,但连接螺母和密封垫圈与量热球都连接在仪器上,且都属于金属材质,传热效果都比较好,在试验测试过程中或多或少会有一些样品分解释放出的热量传递到连接螺母和密封垫圈上,因此农药行业标准 NY/T 3784—2020 执行《农药热安全性检测方法　绝热量热法》提到需要考虑总质量,建议:农药行业实验室严格按照 NY/T 3784—2020 的规定执行;其他行业实验室尽可能参照 NY/T 3784—2020,如果有实验室坚持认为考虑总质量不合理,建议针对该部分问题编制详细作业指导书进行明确规定,并经验证后使用。

【问题 25】《化工产品热安全检测领域实验室认可技术指南》中附录 D 给出的案例中硫酸纯度大于 98%,而实验室中的硫酸是分析纯,含量为 95%~98%,是否符合要求？该硫酸是由设备生产商提供的。

问题解答　《化工产品热安全检测领域实验室认可技术指南》第 7.7.1 a)条"示例 3"、附录 A、附录 D 第 4.5 条中均有反应量热仪用作系统性能验证的化学试剂的纯度≥98.0% 的描述,建议实验室配备的浓硫酸浓度按其规定的纯度。

【问题 26】 DTBP、醋酸酐和水都不是标准物质,没有证书。是否有对这些物质的纯度要求？系统验证合格指标范围要求有哪些？

问题解答　SN/T 3078.1—2012、NY/T 3784—2020 和 T/CIESC 0001—2020 均未对用作系统性能验证的校准物质的纯度作出规定,建议实验室尽可能购买分析纯及以上纯度的化学试剂。

化学物质热稳定性检测用系统性能验证校准物质 DTBP 和 AIBN 建议采用 NY/T 3784—2020 附录 A 表 A.1 中 20% DTBP 甲苯溶液和 12% AIBN 二氯甲烷溶液的"起始分解温度"作为合格指标范围。

化学反应热安全性检测用系统性能验证校准物质水建议采用《化学化工物性数据手册》中水在 25 ℃时的标准比热容 4.184 6 J/(g·K),醋酸酐水解反应建议与设备生产商提供的反应热安全数据进行比对。

【问题 27】 用作绝热量热仪系统性验证的物质 20%DTBP 甲苯溶液是标准物质还是 DTBP 纯品是标准物质？若 20%DTBP 是标准物质,实验室每次使用均重新制备,那么该如何对标准物质进行期间核查？

问题解答　用作化学物质热稳定性检测的系统性能验证物质 20%DTBP 甲苯溶液属于标准溶液,实验室购买的用于配制 20%DTBP 甲苯溶液的 DTBP 属于 CNAS-GL004: 2018《标准物质/标准样品的使用指南》第 3.6 条所述"标准物(用于设备或测量程序校准的标准物质/标准样品)"。

DTBP 的使用要求参见 CNAS-GL004:2018《标准物质/标准样品的使用指南》,DTBP 的验收和期间核查方法参见 CNAS-GL035:2018《检测和校准实验室标准物质/标准样品验收和期间核查指南》。

【问题 28】 反应量热仪的系统性能验证物质乙酸酐、硫酸等需要按标准物质/标准样品进行管理吗? 另外,标准物质/标准样品如何验收?

问题解答 系统性能验证物质乙酸酐、硫酸等需要按标准物质/标准样品进行管理,验收时可参考 CNAS-GL035:2018《检测和校准实验室标准物质/标准样品验收和期间核查指南》。

标准物质/标准样品的验收流程一般为:

(1) 实验室有采购标准物质/标准样品的需求时,要制定"标准物质/标准样品采购计划"并经审批。"标准物质/标准样品采购计划"至少包括标准物质/标准样品名称、编号、规格、数量等内容。

(2) 实验室对购入的标准物质/标准样品进行验收时,除需要对照"标准物质/标准样品采购计划"核对相关信息,以确认符合"标准物质/标准样品采购计划"的要求外,还需检查包装及标识的完好性(或密封度)。使用时,还应检查证书中标明的特性量值、不确定度、基体组成、有效日期、保存条件、安全防护、特殊运输要求等内容。

(3) 对于有低温等特殊运输要求的标准物质/标准样品,可行时要检查运输状态。

(4) 如有必要且可行,可以采用合适的试验手段确认标准物质/标准样品的特性量值、不确定度的基本组成等特性。

(5) 当对同一种标准物质/标准样品更换了生产商或批次,需要时,实验室可对新旧标准物质/标准样品进行比较,既可验证旧标准物质/标准样品特性量值的稳定,也可确认新标准物质/标准样品满足使用要求。

(6) 当标准物质/标准样品用于校准、方法确认、量值传递与溯源时,应尽可能使用有证标准物质/标准样品。

(7) 实验室应对必要的验收内容形成记录。使用时,标准物质/标准样品验收记录一般包括:标准物质/标准样品名称、编号、批号、包装、标识、证书、特性量值不确定度、有效日期、购入日期、购入数量、生产商、验收人、结论等。如果采用检测手段进行验收,还应有检测方法、检测结果、测量不确定度等的相关信息与记录。

(四) 计量溯源性

【问题 29】 实验室如何选择合适的校准机构?

问题解答 实验室应先制订校准方案,确定需求,然后按照 CNAS-CL01-G002:2021《测量结果的计量溯源性要求》第 4.5 条选择校准机构。对检定/校准机构进行的评价包含但不限于:

(1) 资格:法定的计量检定机构(地方县以上计量所或政府部门授权的计量机构),其所出具的检定证书上应有授权证书号;CNAS 认可的校准实验室,其所出具的校准证书上应有认可标识和证书号。

(2) 测量能力:应在授权范围内出具检定证书;应在认可范围内出具校准证书,校准证书应有包括测量不确定度和/或符合确定的计量规范声明的测量。CNAS 有要求时,应能提供该法定计量检定机构或校准实验室校准能力的证明。

（3）溯源性：测量结果能溯源到国家或国际基准，无论是检定证书还是校准证书，都应提供标准器的溯源证明，包括标准器的证书号和有效期。

（4）满足方法标准或规范要求的技术指标：检定或校准机构提供的检定或校准证书应提供溯源性的有关信息和不确定度及其包含因子的说明。

【问题 30】 实验室如何对检定或校准结果进行确认？

问题解答 实验室仪器设备的校准确认应满足 CNAS-CL01-G002：2021《测量结果的计量溯源性要求》第 4.9 条的要求，包含但不限于以下 5 个方面：

（1）校准证书的完整性。校准证书的内容要完整，包括：① 送校准的实验室的基本信息完全，比如公司名称、地址等；② 送校准的仪器的信息完整，比如仪器的型号、编号、名称等。

（2）校准证书的规范性。校准证书的规范性包括：① 校准的参数是送校准实验室要求校准的参数；② 校准证书应该给出测量不确定度、修正值等信息；③ 校准所用的标准器需要列举清楚；④ 校准所用的方法需要明确写出；⑤ 需要在校准范围内出具校准证书，并盖CNAS 章。

（3）校准结果的技术判断。校准结果要满足实验室的测试方法、仪器使用的要求。

（4）修正值和修正因子需要正确使用。

（5）测量不确定度。确认是否需要重新评定相关项目的不确定度，因为仪器设备校准带来的不确定度可能会影响相关实验结果的不确定度。

【问题 31】 差示扫描量热仪的检定规程（JJG 936—2012）的检定项目中不含"时间"信号，但 GB/T 22232—2008 第 9.4 条规定的校准"时间信号"在 $\pm 0.5\%$ 之内，实验室应如何校准差示扫描量热仪的"时间信号"？

问题解答 GB/T 22232—2008 等同 ASTM E537，但与我国计量检定规程 JJG 936—2012 在检定项目/参数上存在差异。建议实验室在进行差示扫描量热仪校准前向校准机构提出时间信号的校准要求，如果校准机构无法对时间信号进行校准，建议实验室应至少对JJG 936—2012 中的"程序升温速率"参数进行校准。

【问题 32】 反应量热仪需要用醋酸酐水解实验或水的比热容实验进行整机校准，假设水的比热容实验结果在范围内，而醋酸酐水解实验的结果不在范围内，那么这是否可以？

问题解答 不可以。

《化工产品热安全检测领域实验室认可技术指南》第 3.3 条中，"化学反应热安全性"的定义为"在一定条件下，确定合成化工产品的化学反应是否因反应体系的热平衡被打破而使温度升高。一般包括反应热、反应体系比热容和最大热累积度等热安全性参数检测"。采用水的比热容试验进行系统性能验证，只能验证实验室反应量热仪测试反应体系比热容参数的准确性，不能验证反应热和最大热累积度参数的准确性。

【问题 33】 绝热加速量热仪器的标准物质的标准值如何参考？是否也有有证的标准物质可以参考？

问题解答 化学物质热稳定性检测用系统性能验证校准物质 DTBP 和 AIBN 建议采用 NY/T 3784—2020 附录 A 表 A.1 中 20%DTBP 甲苯溶液和 12%AIBN 二氯甲烷溶液的"起始分解温度"作为标准值。

截止到目前，据笔者了解，国内尚没有机构生产或提供绝热加速量热仪使用的有证标准物质。请持续关注标准物质在行业中的更新情况。

【问题34】 GB/T 22232—2008 中规定实验室间的结果差异性 R 是用于 2 个实验的比对,那么 3 个实验室间的比对该怎么评判比对结果呢?3 个实验室以上呢?

问题解答 实验室比对结果评价可以采用以下方法:① t 检验法,用于分析样本数 n 较小的检测数据平均值间的差异性(一般要先做 F 检验),适用于实验室人员比对、仪器比对、方法比对等。② En 值判断法,可用于判断两个测量值之间的一致性,特别适用于有标准值或参考值的比对试验,如标准物质比对、指定参考实验室的实验室间比对等。③ CD 临界值法,适用于当无法提供合理的测量不确定度评定结果,而用于该检测的标准中有关于该方法的重复性值和再现性值时的比对试验。④ 专业标准判断法,适用于当 En 值与 CD 值均不可取,而相应专业标准中有规定测试结果允许差 △ 时的比对试验。⑤ Z 比分数法,适用于多组比对检测数据,较适宜权威机构组织的能力验证活动,较少用于检测实验室内部自行组织的比对分析试验。

实验室可根据实际情况选择合适的结果评价方法。

【问题35】 差示扫描量热仪(DSC)检定规程 JJG 936—2012 第 6.2 条检定项目中有一项"温度示值误差",可以直接用于温度信号的校准吗?

问题解答 GB/T 22232—2008 第 9.2～9.4 条规定对"温度信号""热流信号""时间信号"进行校准,JJG 936—2012 第 6.2 条检定项目包含"外观检查""基线噪声""基线漂移""程序升温速率偏差""温度重复性""温度示值误差""热量重复性""热量示值误差""分辨率"等参数,建议实验室至少应对"程序升温速率偏差""温度示值误差""热量示值误差"3 个参数进行校准。

【问题36】 ARC 和 RC1 是针对特定温度点进行的校准,比如 30 ℃、150 ℃和 300 ℃,这样各个温度点也会有示值误差,如果使用时不在这几个温度点(比如 50 ℃)上,则应怎么修正?

问题解答 ARC 和 RC1 的测试温度点或温度范围需要根据检测对象的热分解特性而定,检测标准中未给出特定温度点;修正值一般指为修正某一测量器具的示值误差等系统误差而在其检定/校准证书上注明(或根据检定/校准结果计算得出)的特定值,其大小与示值误差相等,但符号相反,可通过检定或校准证书直接获取。仪器设备经过检定/校准后都有修正值或修正因子,在实际测量中,有些场合需要对测量结果进行相应的修正,但有些时候只要修正值或修正因子对检测结果准确度不会产生明显影响就可以忽略不计。

建议对以下情况进行修正:

(1)当仪器设备测量结果虽与检测结果的运算无关,但对应的检测方法对其准确度有明确要求时,不仅需要其检定或校准结果符合相关计量规程要求,还需应用相应的修正值或修正因子。

(2)当仪器设备测量结果参与检测结果的运算,或直接读取检测结果时,不仅需要其检定或校准结果符合相关计量规程要求,还必须应用相应的修正值或修正因子。

(3)当仪器设备的准确度等级等于或略高于检测方法所要求的准确度等级时,不仅需要其检定或校准结果符合相关计量规程要求,还必须应用相应的修正值或修正因子。

(4)当需对样品作出是否合格的评判时,如果检测结果接近或超出标准值最高或最低限值,则必须运用经核查确认的修正因子,并根据最佳的检测结果作出评判。

【问题37】 《化工产品热安全检测领域实验室认可技术指南》附录 A 中要求关键技术点"配备低温冷却系统的 DSC 根据低温设备的性能限定低温条件",如何根据性能进行限定？是否指温度下限最低可低至低温设备能达到的最低温度？低温条件下是否需要进行校准？用什么标准物质校准？

问题解答 GB/T 22232—2008 第 1 条"范围"中规定,"本测试方法可在绝对压力范围 100 Pa～7 MPa,温度范围 300～800 K(27～527 ℃)的惰性或活性气体中进行",即该方法的温度适用范围为 27～527 ℃,该温度范围未考虑低于室温下的情况。目前很多实验室配备的差示扫描量热仪带有低温冷却系统,能将温度范围降至 0 ℃以下。根据目前实验室配置设备的实际情况,配备了低温冷却系统的实验室,现场评审时评审员可根据具体的低温设备性能限定低温条件。具体的低温温度范围需要根据实验室配备的低温冷却系统的性能而定。

低温条件需要进行校准。GB/T 22232—2008 和其他差示扫描量热相关检测标准方法中均未对低温校准物质进行规定,建议实验室向检定校准机构提出低温校准需求,根据检定校准机构提供的标准物质进行校准。

（五）外部提供的产品和服务

【问题38】 差示扫描量热仪、绝热量热仪和化学反应量热仪设备生产商提供的设备维护保养、标定、系统性能验证等服务是否也需要进行供应商评价？

问题解答 需要评价。

差示扫描量热仪、绝热量热仪和化学反应量热仪的设备维护保养、仪器标定、校正参数修订等对检测结果的准确性会产生影响,建议实验室对设备生产商提供的上述技术服务进行供应商评价。

五、过程要求

（一）要求、标书和合同评审

【问题39】 危险化学品监督监管部门或化工企业所需要了解的就是"物质分解热评估""失控反应严重度评估""失控反应发生可能性评估""失控反应安全风险矩阵评估"和"反应工艺危险度等级评估"等。没有判定依据,报告中只出现检测数据,对于客户来说没有现实意义。实验室的判断依据能否注明来自国务院安监总管三 2017 年 1 号《国家安全监管总局关于加强精细化工反应安全风险评估工作的指导意见》?

问题解答 不可以。

目前 CNAS 认可的检测能力不包含评估过程,不可在评估报告盖 CNAS 标识,但可将盖 CNAS 标识的检测报告作为评估报告的附件。《化工产品热安全检测领域实验室认可技术指南》第 7.1.1b)条已明确"准确告知客户获得 CNAS 认可的检测能力,以避免客户产生误解。例如告知客户'物质分解热评估''失控反应严重度评估''失控反应发生可能性评估''失控反应安全风险矩阵评估'和'反应工艺危险度等级评估'等评估不属于获 CNAS 认可的检测能力"。

（二）方法的选择、验证和确认

【问题40】 化工产品热安全检测领域标准方法的方法验证应怎么做？

问题解答 实验室在初次使用标准方法前,应验证能够正确地运用这些标准方法。如果标准方法发生了变化,应重新进行验证,并提供相关证明材料。对于标准方法,实验室应从"人""机""料""法""环""测"等方面,验证在开展检验检测活动中有能力满足标准方法的要求。建议从以下 6 个方面进行方法验证:

(1) 方法的选择与有效性。

① 实验室应先选择适宜的检测方法,识别方法的现行有效性,通过可靠的途径进行查询。

② 实验室识别该方法是否能被操作人员直接使用,当其内容不便理解、规定不够简明或缺少信息、方法中有可选择的步骤时,应编制作业指导书,以确保检验检测人员使用该方法的一致性。

(2) 设备的配备与确认。

① 实验室根据标准方法的具体要求配置设备,包括检验检测活动所必需并影响结果的仪器、软件、测量标准、标准物质、参考数据、试剂、消耗品、辅助设备或相应组合装置。

② 仪器的计量溯源方式包括检定和校准。

③ 除需要计量溯源的仪器外,其他设备应进行核查,确保不对检验检测结果产生不良影响。

(3) 场所环境的确认。

① 实验室识别拟开展的标准方法对场所、环境条件的具体要求,并验证本机构配置的场所及其环境条件是否满足要求,并保留验证记录。

② 实验室识别和建立开展标准方法进行检验检测的环境条件监控要求,该要求应以文件的形式(如作业指导书)表示,包括监控项目、监控点、监控频率、监控记录等,以及出现监控结果异常时的处置方法,并按文件规定予以监控,同时保留监控记录。

(4) 人员能力的确认。

① 实验室应通过相应的教育、培训、技能和经验考核对从事检验检测项目人员的能力进行确认,在此基础上通过授权明确检验检测人员的权利和责任。

② 实验室应在策划人员培训方案、人员监督方案或制订人员培训计划、人员监督计划时,统筹合理考虑方法验证的需求。实验室实施培训、考核、监督工作,应保存相关培训、考核、监督的记录。

③ 当培训考核或监督中发现检验检测人员不具备相应能力时,应进一步组织教育培训或对人员岗位进行调整。

④ 实验室应根据能力确认的结果进行岗位授权,岗位授权应具体到检验检测项目的方法。

(5) 样品。

① 根据方法的适用范围选取样品。

② 配备方法规定的抽样设备和必要的样品制备设备。

③ 实验室应建立样品标识系统,确保样品在检验检测过程的唯一性。

④ 应确保样品运输与保存的条件满足标准的要求,在进行样品制备或检测前对样品的状态信息进行描述。

(6) 检测结果的验证。

① 实验室在满足(1)~(5)条要求后,应使用标准物质、经过检定或校准的具有溯源性

的替代仪器,采用重复检测、保存样品的再次检测、能力验证或机构之间比对、机构内部比对、盲样检测、实际样品测定等方式,对方法规定的性能指标(如校准曲线、检出限、测定下限、准确度、精密度等)等内容进行验证,并根据方法的要求评价验证过程获取检验检测结果的有效性。

② 有条件时,应参加相关部门组织的相应项目的能力验证。

③ 当比对或能力验证的结果为不满意时,应查找原因,制定措施,重新开展方法验证。

【问题 41】 《化工产品热安全检测领域实验室认可技术指南》第 7.2.2.1b)条中规定"对影响结果的因素进行系统性评审",那么应如何进行系统性评审? 是不是指在实验前要检查这些因素均符合要求?

问题解答 《化工产品热安全检测领域实验室认可技术指南》第 7.2.2.1b)条给出了影响结果的因素,如"反应器的选择(正确使用常压玻璃钢釜、中压玻璃钢釜和高压金属釜,防止反应失控超过反应釜耐压极限)、温度传感器和压力传感器的校准、导热油循环系统的功能正常、导热油油位位置、搅拌速率的安全范围、环境条件(例如电压波动、阳光直射、空气相对湿度大于 80%、附近存在强电场或强磁场)的影响、气液两相反应涉及易燃易爆和有毒有害类气体的泄漏监测及安全控制等"。

实验室需要在方法确认过程中对上述可能会影响检测结果的因素进行系统性评审,确保满足检测标准和设备操作说明的规定。

【问题 42】 反应量热检测方法的非标方法确认应怎么做?

问题解答 根据 CNAS-CL01:2018 第 7.2.2.1 条"注 2",可用以下一种或多种技术进行方法确认:

(1) 使用参考标准或标准物质进行校准或评估偏倚和精密度。

(2) 对影响结果的因素进行系统性评审。

(3) 通过改变控制检验方法的稳健度,如改变培养箱温度、加样体积等。

(4) 与其他已确认的方法进行结果比对。

(5) 实验室间比对。

(6) 根据对方法原理的理解以及抽样或检测方法的实践经验评定结果的测量不确定度。

技术确认要尽可能全面,并需有确认记录。非标方法经确认后可以使用。

结合化学反应热安全性检测标准 T/CIESC 0001—2020 和反应量热仪的测试原理,建议实验室采用如下步骤进行方法确认:

(1) 使用系统性能验证的标准物质(醋酸酐水解反应)进行测试结果的准确性核查。

(2) 对影响检测结果的各种因素进行系统性评审。

(3) 实验室间结果比对。

(4) 根据对方法原理的理解及检测方法的实践经验,评定结果的测量不确定度。

其中,对影响检测结果的各种因素进行系统性评审包括以下内容:

(1) 反应器的选择:正确使用常压玻璃钢釜、中压玻璃钢釜和高压金属釜,防止反应失控超过反应釜耐压极限。

(2) 仪器校准:拆卸温度传感器、压力传感器校准后采用校准物质进行系统性能验证。

(3) 仪器功能检查:加热及冷却系统功能检查、导热油液位检查、搅拌系统功能检查、紧急制冷系统功能检查等。

（4）环境条件的影响：例如电压波动、阳光直射、空气湿度大于80%、存在强电厂或强磁场等。

（5）安全防护：气液两相反应涉及易燃易爆和有毒有害类气体的泄漏监测及安全控制。

使用系统性能验证的标准物质进行测试结果的准确性核查方法参见第四章第五部分"非标方法确认"。

【问题43】 非标方法确认后，实验室要使用非标方法，是否还需要进行方法验证？

问题解答 非标方法确认的目的是确认方法本身能否使用，验证的目的是确认实验室有没有能力使用。对于非标准方法，实验室需要自己确认或请外部专家帮实验室确认该方法本身能否使用。实验室自己确认的，可以和验证合并进行；请外部专家确认的，还需要实验室验证自己有没有能力开展该检测工作。

【问题44】 实验室制定的方法（例如企业内部实验室制定的企业标准）能否申请实验室认可？

问题解答 企业内部实验室制定的企业标准属于非标方法，按非标方法确认后，可以申请实验室认可。

CNAS-CL01:2018第7.2.1.6条规定，"当需要开发方法时，应予策划，并指定具备能力的人员，并为其配备足够资源。在方法开发的过程中，应进行定期评审，以确定持续满足客户需求。开发计划的任何变更应得到批准和授权"。

实验室需要制定方法时，应予策划。实验室应制定程序，规范自己制定的检测方法的设计开发、资源配置、人员、职责和权限、输入与输出等过程。在方法制定过程中，需要对正在制定的方法进行定期评审，以验证其持续满足客户的要求。如果需修改制定方法的开发计划，则应经过批准和授权。实验室自己制定的方法应经确认后方可使用。

【问题45】 对实验室自己制定的反应量热测试方法进行确认，可以请外部专家审核确认吗？

问题解答 可以请外部专家审核确认实验室制定的方法。

【问题46】 反应量热仪的作业指导书是根据不同反应编写的相应的作业指导书吗？

问题解答 根据《化工产品热安全检测领域实验室认可技术指南》第7.1.1.3条，实验室应制定包含所有关键技术内容的作业指导书。针对化学反应热安全性检测，建议实验室结合T/CIESC 0001—2020和反应量热仪的测试原理，编制化学反应热安全性检测作业指导书，并建议该作业指导书中应至少包含适用范围（18种危险工艺中的哪些或全部）、仪器设备及设施、环境条件要求、安全控制措施、校准、试验方案编制、检测步骤、参数计算、精密度、报告内容等。其中，试验方案应根据每次进行测试的不同化学反应类型制定。

【问题47】 如果实验室对化学反应量热仪RC1中反应后的物料进行绝热量热测试，计算热惯性因子 Φ 需要用到的比热容能否直接采用化学反应量热仪RC1测试获取的比热容数据？

问题解答 实验室采用绝热量热法进行化学物质热稳定性测试，如果检测对象是RC1反应后的物料，则可以采用反应量热仪RC1在进行化学反应热安全性检测时获取的反应物料的比热容。但当检测对象为原料时，不建议采用反应后物料的比热容代替原料的比热容。

【问题 48】 化学物质的比热容测试有哪些标准方法可供参考？

问题解答 实验室进行比热容测试的标准方法有：NB/SH/T 0632—2014《比热容的测定 差示扫描量热法》、QJ 20408—2016《液体低温比热容测试方法》、BS EN ISO 11357-4—2021《塑料差示扫描量热法(DSC) 第 4 部分：比热容的测定》、ASTM E1269—2011(2018)《用差示扫描热量测定仪(DSC)测定比热容量的标准试验方法》等。

（三）抽　样

【问题 49】 化工产品热安全检测抽样应该如何做？需要关注哪些关键要素？

问题解答 化工产品热安全检测领域实验室检测样品一般为混合物，部分样品可能为非均相混合物，如果需要将样品分开用于不同检测参数的测试，则此类非均相混合物的抽取方案和方法应与客户进行充分沟通，并经客户同意后方可进行抽取检测。

另外，如果需要到化工产品生产装置现场进行抽样，则抽取计划和方法也应与客户进行充分沟通，并经客户同意后方可进行。如果抽取的样品受环境温度、湿度影响可能会发生变化，那么抽样方案和方法中要明确抽取时的温湿度环境和抽取样品后的保存环境要求。

（四）检测或校准物料的处置

【问题 50】 GB/T 22232—2008 的范围中描述该标准适用于"固体、液体或泥浆样品"，几乎包含所有的化学品，但设备生产商不建议测试所有类型的样品，请问该如何进行差示扫描量热的样品选择？

问题解答 不是所有形态的样品都能进行差示扫描量热测试，例如在升温过程中产生大量气体，或能引起爆炸的样品均不宜使用该仪器。

样品的形态，包括粉状、颗粒状、片状、块状等的颗粒度对测试结果的影响较大，因为颗粒越大，热阻越大，会使样品的熔融温度和熔融焓偏低，因此测试前应按照 GB/T 22232—2008 第 8.2 条要求通过碾磨降低颗粒度。

另外，样品的装填对测试结果也会产生影响。例如，固体试样在坩埚中装填的松紧程度，当介质为空气时，如果装样较松散，有充分的氧化气氛，则 DSC 曲线呈放热效应；如果装样较实，处于缺氧状态，则 DSC 曲线呈吸热效应。

【问题 51】 对于 ARC 测试，SN/T 3078.1—2012 中指出非均相体系测试结果意义不大。很多反应液是浑浊液或分层液体，这类样品还需要做 ARC 吗？

问题解答 浑浊液、分层液体是否需要进行绝热量热测试取决于客户提供的工艺条件和客户是否有要求。

化工产品热安全检测领域检测样品涉及浑浊液、分层液体，针对这类形态的样品，实验室从样品（包括客户送检样品、现场抽取的样品和实验室根据客户提供工艺技术资料制备/采购的样品）中取部分样品进行测试时，一定要关注取出部分样品进行测试的代表性。

【问题 52】 ARC 测试样品量对检测结果有影响吗？

问题解答 绝热加速量热检测的样品量推荐为 1~10 g(NY/T 3784—2020)，但由于检测过程中有放热情况出现，检测样品的量可能对检测结果产生影响。

样品量越少，校正系数越大，试验偏差越大；样品量越多，则获取的起始分解温度越接近大规模操作时的失控分解温度。但是由于仪器设备的限制，在实际检测中增加样品量后，会造成瞬时升温速率快，仪器跟踪速率无法达到设置上限，且分解产生的气体使样品池内压力过高，从而造成样品池破裂而损坏仪器。因此，在实际检测过程中，需要对检测的样品量准确把控。

样品量对绝热加速量热检测结果影响的分析案例见本书附录七。

（五）技术记录

【问题 53】 化学反应量热技术记录中应包含哪些信息？

问题解答　化工产品热安全检测领域的化学反应热安全性检测不同于对单个化学物质的热稳定性检测，化学反应热安全性的检测对象为"化学反应过程"，反应过程中常伴有各种化学现象发生，例如发光、发热、变色、生成沉淀物等，检测过程中化学反应工艺参数的变化可能会引发不同的化学反应现象。因此，化学反应热安全性检测的技术记录中应包含化学反应工艺参数条件等足够的信息，例如化学反应的物料名称、颜色状态、浓度、质量和化学反应流程、反应条件、反应过程中观察到的现象等信息。

【问题 54】 实验室可以用 LIMS 系统的电子记录代替手写的原始记录吗？

问题解答　实验室可以用 LIMS 系统的电子记录代替手写的原始记录，具体要求可参考 CNAS-CL01:2018 第 7.5 条和 7.8.1.2 条的注 2，以及第 8.3.1 条的注。

【问题 55】 差示扫描量热仪、绝热量热仪和反应量热仪检测结果（图谱、数据表）可以直接打印，打印出来的记录需要检测人员和审核人员签字吗？

问题解答　对于差示扫描量热仪、绝热量热仪和反应量热仪等可以直接打印出来的检测结果记录，检测人员和审核人员可以采用电子签名或手签。

【问题 56】 绝热量热测试时间经常会超过 1 d，一般为 2～3 d，那么原始记录和报告中的检测日期应填写哪天？

问题解答　如果检测时间超过 1 d，则建议绝热量热检测原始记录中的检测日期按实际过程记录，至少包含起始日期和终止日期。报告中可给出时间范围，例如 2024.01.01—2024.01.02。

（六）测量不确定度的评定

【问题 57】 《化工产品热安全检测领域实验室认可技术指南》附录 C 中的外推温度测量不确定度的评定实例 4.1 中提到使用有证标准物质铟进行 7 次独立测定。由于铟是金属单质，不存在分解情况，能否使用同一铟粒重复进行 7 次测定？

问题解答　差示扫描量热仪能够测定的热效应和热过程包括熔融行为、结晶和成核、多晶现象、玻璃化转变温度、反应动力学、固化、反应焓和转变焓、比热容和比热容变化等，测试过程中需要将样品加热至 500 ℃以上。标准物质金属铟在试验温度下如果能确保不发生化学反应（例如氧化），则可以重复使用。但通常使用的另一种标准物质金属锌在高温下容易被氧化生成氧化锌，因此建议金属锌不要重复使用。

【问题 58】 《化工产品热安全检测领域实验室认可技术指南》附录 C 中给出了差示扫描量热检测参数外推起始温度 T_s 和反应热 ΔH 测量不确定度评定范例，其中绝热量热和化学反应量热需要对哪些参数进行测量不确定度评定？

问题解答　绝热量热建议对起始放热温度（T_0）进行测量不确定度评定，化学反应量热建议对反应体系比热容（c_p）进行测量不确定度评定。

（七）确保结果的有效性

【问题 59】 化工产品热安全检测领域实验室是否有必要成立质控组单独监督质量控制？

问题解答　化工产品热安全检测领域实验室是否有必要成立质控组单独监控质量控制取决于实验室的自身需要。CNAS 实验室认可相关准则、应用说明和指南文件中均未对是否需要成立质控组作出规定。

【问题 60】 实验室需要对所有检测项目都进行质量监控吗?

问题解答 根据 CNAS-CL01-G001:2024 中第 7.7.1a)条,实验室对结果的监控应覆盖到认可范围内的所有检测或校准(包括内部校准)项目/参数,以确保结果的准确性和稳定性。当检测或校准方法中规定了结果监控要求时,实验室应符合该要求。使用时,实验室应在检测或校准方法中或其他文件中规定对应的检测或校准方法的结果监控方案。

【问题 61】 SN/T 3078.1—2012 中未明确系统性能验证校准物质的参数及具体量值范围,实验室在制订质控计划时应如何选择结果判定准则?

问题解答 绝热量热检测用系统性能验证校准物质 DTBP 和 AIBN 建议采用 NY/T 3784—2020 附录 A 表 A.1 中 20%DTBP 甲苯溶液和 12%AIBN 二氯甲烷溶液的"起始分解温度"作为合格指标范围。

【问题 62】 T/CIESC 0001—2020 中未对校准和精密度做规定,实验室应如何针对反应量热仪制定和实施质量控制计划?

问题解答 建议采用《化学化工物性数据手册》中水在 25 ℃ 时的标准比热容 4.184 6 J/(g·K),醋酸酐水解反应建议与设备生产商提供的反应热安全数据进行比对。

【问题 63】 化学物质热稳定性和化学反应热安全性检测能力申请实验室认可必须参加能力验证计划吗?如何查找和参加化工产品热安全检测领域实验室的能力验证计划?

问题解答 根据 CNAS-RL02:2018《能力验证规则》第 4.3.1.1 条,"只要存在可获得的能力验证,合格评定机构申请认可的每个子领域应至少参加过 1 次能力验证且获得满意结果"。建议实验室在 CNAS 官网"中国能力验证资源平台"检索与化工产品热安全检测相关能力验证计划名称报名参加。

【问题 64】《化工产品热安全检测领域实验室认可技术指南》第 7.7.2 条规定,"当实验室选择与其他实验室的结果比对监控能力水平时,一般要选择 3 家以上、水平相当且通过 CNAS 认可(选择比对的主要参数获得认可)的实验室"。如何获取有效的反应量热检测项目实验室间的比对活动?

问题解答 建议采用以下几种方式:

(1)实验室自行组织至少 3 家以上已获认可实验室间的比对活动。

(2)联系相关行业主管部门或协会,建议由行业主管部门或协会定期组织多家实验室间的比对活动。

(3)联系设备生产商,建议由设备生产商提供多家实验室间比对的技术服务活动。

【问题 65】《化工产品热安全检测领域实验室认可技术指南》第 7.7.2 条规定选择 3 家以上的实验室及进行实验室间比对活动,"3 家"是否包括自己,还是除了自己还要 3 家?

问题解答 "3 家"包括本实验室。

【问题 66】 如果今年已经做过实验室间比对但是只有 2 家水平相当且通过 CNAS 认可的实验室,是否可以明年再做的时候增加比对家数?

问题解答 可以。

【问题 67】 实验室寻找了 3 家通过 CNAS 认可的实验室比对反应量热试验参数,是否可以由其中一家出具比对结果报告?报告中的检测机构是写 3 家实验室名称并加盖 3 家实验室的章吗?

问题解答　一份报告中不可以同时出现 3 家实验室名称,也不可以同时加盖 3 家实验室的章。

建议在进行比对前,3 家实验室签订一份比对协议,协议规定针对哪个参数进行比对,统一用什么样品、什么方法进行检测,结果如何进行评价,由哪家实验室负责评价并出具比对评价报告。3 家实验室在协议上签字盖章,将评价报告作为协议附件。

【问题 68】　反应量热仪在进行实验室比对时,各实验室对比对结果的评价方法不一致,各种比对方式(如 t 检验法、Z 比分数法、格拉布斯检验法等)均有,能否明确一下实验室比对结果的评价方法?

问题解答　由实验室自行组织的实验室间比对,应在大家协商一致的比对方案中明确比对结果的评价方法。关于反应量热实验室比对评价方法的选择,建议:

(1) 采用团体标准 T/CIESC 0001—2020《化学反应量热试验规程》作为检测方法时,其第 7 条规定,"对同一试验现象,应获取至少 3 次独立观测值,并参照 GB/T 4883 所述格拉布斯检验法对观测值进行离群值检验"。建议针对化学反应量热检测进行实验室间比对时,采用与 T/CIESC 0001—2020 第 7 条所述的格拉布斯检验法作为实验室间比对结果的评价方法。

(2) 采用其他非标方法时,建议根据实验室实施比对的具体情况选择合适的结果评价方法。

① En 值评价法:可用于判断两个测量值之间的一致性,特别适用于有标准值或参考值的比对试验,如标准物质比对、指定参考实验室的实验室间比对等。

② Z 比分数法:适用于多组比对检测数据,较适宜权威机构组织的能力验证活动,较少用于检测实验室内部自行组织的比对分析试验。

③ CD 临界值法:适用于当无法提供合理的测量不确定度评定结果,而用于该检测的标准中有关于该方法的重复性值、再现性值时的比对试验。

④ 专业标准判断法:适用于当 En 值与 CD 值均不可取,而相应专业标准中有规定测试结果允许差 Δ 时的比对试验。

⑤ t 检验法:可用于分析样本数 n 较小的检测数据平均值间的差异性(一般要先做 F 检验),适用于实验室人员比对、仪器比对、方法比对等。

【问题 69】　在进行实验室间比对试验时,由于反应量热试验的特殊性,所用的物料量比较大且具有一定的危险性,如果实验室间比对必须要用同一批次原料,则在运输过程中存在一定的安全风险,而若使用各自实验室的原料,样品不是同一批次,那么这样的比对结果是否可信?

问题解答　建议实验室在进行化学反应热安全性检测参数的实验室间比对时,选择不具有危险性的水和乙酸酐水解反应作为实验室间比对的检测样品,尽可能避免使用具有危险性的样品。

【问题 70】《化工产品热安全检测领域实验室认可技术指南》中指出对反应热进行三次测试并取平均值,这是指针对工艺温度范围选取不同的 **3** 个温度进行测试取平均值,还是在同一温度下重复 **3** 次测试取平均值?

问题解答　T/CIESC 0001—2020《化学反应量热试验规程》第 7 条规定,"对同一试验现象,应获取至少 3 次独立观测值"。所谓"同一试验现象",应是针对工艺中同一试验条件下进行的试验。

【问题 71】 CNAS GL051：2022 附录 D 中的表观反应热参考值为 57.545 6 kJ/mol ±0.092 8 kJ/mol，最大允许误差为±1%，这个很难做到。实验室的仪器设备 RC1e 的技术指标要求"热量重现性 1%~3%（标准实验）"，那么是不是只要满足这条要求就可以了？比热容的接受标准有推荐参考范围吗？对于反应量热的表观反应热，不同大小的反应釜测得的数据有差别，这点在实际中应如何解决？

问题解答　《化工产品热安全检测领域实验室认可技术指南》附录 D"反应量热仪性能验证范例"提供了反应量热仪系统性能验证方法供实验室参考。建议实验室根据设备生产商提供的标准物质和参考值作为系统性能验证合格的判定依据。

比热容合格判定建议采用《化学化工物性数据手册》中水在 25 ℃时的标准比热容 4.184 6 J/(g·K)作为参考值。

不同大小的反应釜测定反应量热的表观反应热数据存在差异，建议在进行实验室间比对时尽可能选择同样型号、规格、尺寸的设备进行比对。对于因反应釜尺寸、规格等因素导致的表观反应热数据的差异，建议实验室咨询设备生产商提供相关解决方案。

（八）报告结果

【问题 72】《化工产品热安全检测领域实验室认可技术指南》第 7.8.2.1m)条中提到，实验室出具的检测报告只能包含通过测试得到的热安全参数，那么这些参数是否包含 T_{D24}（到达最大放热速率时间为 24 h 时的温度）？是否可以包含 TMR（最大放热速率到达时间）？

问题解答　这取决于申请认可的标准是否包含该参数的检测过程。绝热量热检测标准 SN/T 3078.1—2012 和 NY/T 3784—2012 中均没有 T_{D24}，因此不能包含。

SN/T 3078.1—2020 第 3.12 条对 TMR（最大放热速率到达时间）的定义做了规定，在检测报告中可以出具 TMR 的检测结果。但 SN/T 3078.1 未对 TMR 的测试及求取方式作出规定，建议实验室针对 SN/T 3078.1 第 3.12 条编制详细的作业指导书，对 TMR 的测试及求取方式进行明确规定。

【问题 73】 如果实验室需要出具相关的评估，但又不能出现在检测报告里，那么是否可以引用检测报告的数据并另外出具评估报告，或者实际上应如何操作？

问题解答　《化工产品热安全检测领域实验室认可技术指南》第 7.8.2.1m)条明确规定，实验室出具的检测报告只能包含通过测试得到的热安全参数，不能包含可能误导客户的表述，例如未检测仅通过经验数据计算而获取的其他热安全性参数，也不包含评估结论，例如物质分解热评估、失控反应严重度评估、失控反应发生可能性评估、失控反应安全风险矩阵评估和反应工艺危险度等级评估等。

实验室如出具评估报告，可引用检测报告中的数据，也可将带有 CNAS 标识的检测报告作为评估报告的附件。

【问题 74】 报告项目名称书写为"＊＊工艺反应安全风险评估"，用"＊"标注并声明了非认可项目，则报告可否盖章 CNAS 标识章？

问题解答　不可以。"＊＊工艺反应安全风险评估"报告内容主要为"物质分解热评估""失控反应严重度评估""失控反应发生可能性评估""失控反应安全风险矩阵评估"和"反应工艺危险度等级评估"等，属于《化工产品热安全检测领域实验室认可技术指南》第 7.1.1b)条中所述"不属于获 CNAS 认可的检测能力"，因此不能盖 CNAS 标识章。评估报告中可引用带有 CNAS 标识的检测报告。

参考文献

[1] 牟善军. 化工过程安全管理与技术[M]. 北京:中国石化出版社,2018.

[2] 董泽. 反应体系热失控压力泄放的实验及理论研究[D]. 南京:南京理工大学,2019.

[3] 国家市场监督管理总局,国家标准化管理委员会. 精细化工反应安全风险评估规范:GB/T 42300—2022[S]. 北京:中国标准出版社,2022.

[4] 国家安全监管总局. 国家安全监管总局关于加强精细化工反应安全风险评估工作的指导意见[Z]. 安监总管三〔2017〕1 号,2017.

[5] 中共中央办公厅、国务院办公厅. 关于全面加强危险化学品安全生产工作的意见[Z/OL]. 2020-02-26. https://www. gov. cn/zhengce/2020 — 02/26/content _ 5483625. htm.

[6] 国务院安委会. 全国安全生产专项整治三年行动计划[Z]. 安委〔2020〕3 号,2020.

[7] 国务院安委会. 全国危险化学品安全风险集中治理方案[Z]. 安委〔2021〕12 号,2021.

[8] 王新平,王新葵,王旭珍. 物理化学[M]. 北京:高等教育出版社,2017.

[9] FREIH. Zurich's hazard analysis process:A systematic team approach[C]. Energy Week'97 Conference & Exhibition,1997.

[10] STOESSEL F. Thermal safety of chemical processes—Risk assessment and process design [M]. Weinheim:Wiley-VCH,2008:55-57.

[11] American Society for Testing Materials. Standard test method for the thermal stability of chemicals by differential scanning calorimetry:ASTM E537—2020[S]. 2020.

[12] 冯长根. 热爆炸理论[M]. 北京:科学出版社,2018.

[13] 刘荣海,陈网桦,胡毅亭. 安全原理与危险化学品测评技术[M]. 北京:化学工业出版社,2004.

[14] SIDOROVA E E,BERG L G. Determination of thermal constants[J]. Differential Thermal Analysis,1972,2:26.

[15] 国家安全生产监督管理总局. 关于公布第二批重点监管的危险化工工艺目录的通知[Z]. 安监总管三〔2009〕116 号,2009.

[16] 国家安全生产监督管理总局. 国家安全生产监督管理总局关于公布首批重点监管的危险化工工艺目录和调整首批重点监管危险化工工艺中部分典型工艺的通知[Z]. 安监总管三〔2013〕3 号,2013.

[17] 张金梅,王亚琴,赵磊,等. 我国化学品安全技术说明书(SDS)的管理现状研究[J]. 中国安全生产科学技术,2012,8(10):113-119.

[18] 扈其强. 浅谈作业安全分析(JSA)在建筑施工安全管理中的应用[J]. 建筑安全,2019(5):30-33.

［19］ 国家安监总局、工信部、公安部、环保部、交运部、农业部、卫计委、质检总局、铁路局、民航总局.危险化学品目录［Z］.2015 年第 5 号公告,2015.

［20］ 孙万付,郭秀云,李运才.危险化学品安全技术全书［M］.北京:化学工业出版社,2017.

［21］ 刘光启,马连湘,刘杰.化学化工物性数据手册［M］.北京:化学工业出版社,2002.

［22］ BROWN K D,SORRELLS M E,COFFMAN W R. A method for classification and evaluation of testing environments［J］. Crop Science,1983,23(5):889-893.

［23］ 李礴.格拉布斯准则在项目评审系统中的应用［J］.电脑与电信,2019(6):61-63.

［24］ 尹希果.计量经济学原理与操作［M］.重庆:重庆大学出版社,2009.

［25］ CZOPKO S. Heat Flow, ΔH_R, and Scale-Up with the RC1e Reaction Calorimeter ［Z］. Mettle Toledo Techical Note,2015.

［26］ 联合国.关于危险货物运输的建议书——试验和标准手册(第八修订版)［EB/OL］. http://www.unece.org/trans/danger/publi/manual/pubdet_manual.html,2023.

［27］ 孙金华,丁辉.化学物质热危险性评价［M］.北京:科学出版社,2007.

［28］ CCPS.基于风险的过程安全［M］.白永忠,韩中枢,党文义,译.北京:中国石化出版社,2013.